“本科教学工程”全国服装专业规划教材
高等教育“十二五”部委级规划教材

服装设计

FUZHUANG SHEJI

陈莹 丁瑛 辛芳芳 编著

化学工业出版社
·北京·

本书以体现教育“面向工业、面向未来、面向世界”的工程教育理念为宗旨，着重阐述服装设计的基本知识、基础理论和基本规律，与服装设计、生产、销售等环节的实际需求相结合，以成衣设计为案例来突出本书的针对性和实用性特点，以期达到实用、快捷、便于掌握和应用的目的。本书立足于服装设计基础，强化成衣设计与表达，成衣设计管理的内容，是一本特色鲜明，实用性、针对性强的教材。

本书不仅适合于实施“卓越工程师计划”的服装设计与工程专业，而且也适合服装与服饰设计、服装市场营销等相关专业学生使用，对从事品牌服装设计的专业人员及广大的服装设计爱好者也具有参考价值。

图书在版编目（CIP）数据

服装设计/陈莹，丁瑛，辛芳芳编著．—北京：化学工业出版社，2015.5

“本科教学工程”全国服装专业规划教材

高等教育“十二五”部委级规划教材

ISBN 978-7-122-22897-0

Ⅰ．①服…　Ⅱ．①陈…②丁…③辛…　Ⅲ．①服装设计-高等学校-教材　Ⅳ．①TS941.2

中国版本图书馆CIP数据核字（2015）第020020号

责任编辑：李彦芳　　装帧设计：史利平

责任校对：宋　玮

出版发行：化学工业出版社（北京市东城区青年湖南街13号　邮政编码100011）

印　　装：北京彩云龙印刷有限公司

787mm×1092mm　1/16　印张13　字数312千字　2015年5月北京第1版第1次印刷

购书咨询：010-64518888（传真：010-64519686）　售后服务：010-64518899

网　　址：http://www.cip.com.cn

凡购买本书，如有缺损质量问题，本社销售中心负责调换。

定　　价：59.00元

“本科教学工程”全国纺织服装专业规划教材

序

Preface

教育是推动经济发展和社会进步的重要力量，高等教育更是提高国民素质和国家综合竞争力的重要支撑。近年来，我国高等教育在数量和规模方面迅速扩张，实现了高等教育由“精英化”向“大众化”的转变，满足了人民群众接受高等教育的愿望。我国是纺织服装教育大国，纺织本科院校47所，服装本科院校126所，每年两万余人通过纺织服装高等教育。现在是纺织服装产业转型升级的关键期，纺织服装高等教育更是承担了培养专业人才、提升专业素质的重任。

化学工业出版社作为国家一级综合出版社，是国家规划教材的重要出版基地，为我国高等教育的发展做出了积极贡献，被新闻出版总署评价为“导向正确、管理规范、特色鲜明、效益良好的模范出版社”。依照《教育部关于实施卓越工程师教育培养计划的若干意见》（教高［2011］1号文件）和《教育部财政部关于“十二五”期间实施“高等学校本科教学质量与教学改革工程”的意见》（教高［2011］6号文件）两个文件精神，2012年10月，化学工业出版社邀请开设纺织服装类专业的26所骨干院校和纺织服装相关行业企业作为教材建设单位，共同研讨开发纺织服装“本科教学工程”规划教材，成立了“纺织服装‘本科教学工程’规划教材编审委员会”，拟在“十二五”期间组织相关院校一线教师和相关企业技术人员，在深入调研、整体规划的基础上，编写出版一套纺织服装类相关专业基础课、专业课教材，该批教材将涵盖本科院校的纺织工程、服装设计与工程、非织造材料与工程、轻化工程（染整方向）等专业开设的课程。该套教材的首批编写计划已顺利实施，首批60余本教材将于2013—2014年陆续出版。

该套教材的建设贯彻了卓越工程师的培养要求，以工程教育改革和创新为目标，以素质教育、创新教育为基础，以行业指导、校企合作为方法，以学生能力培养为本位的教育理念；教材编写中突出了理论知识精简、适用，加强实践内容的原则；强调增加一定比例的高新奇特内容；推进多媒体和数字化教材；兼顾相关交叉学科的融合和基础科学在专业中的应用。整套教材具有较好的系统性和规划性。此套教材汇集众多纺织服装本科院校教师的教学经验和教改成果，又得到了相关行业企业专家的指导和积极参与，相信它的出版不仅能较好地满足本科院校纺织服装类专业的教学需求，而且对促进本科教学建设与改革、提高教学质量也将起到积极的推动作用。希望每一位与纺织服装本科教育相关的教师和行业技术人员，都能关注、参与此套教材的建设，并提出宝贵的意见和建议。

姚穆

2013.3

前言

中国高等服装教育是在改革开放的背景下，于20世纪70年代末至80年代初应运而生的。如果说从无到有，经历了零的突破，形成了我国自身的服装高等教育体系为第一发展阶段的话，那么，之后的在全国范围的大发展，从无序竞争到有序竞争，从各显神通、比较随意，到规范化教学与管理，引进国外先进的服装教育理念，调整、优化、完善我国服装高等教育体制，完成了第二次飞跃。而今，我们面临着与国外服装教育机构同台竞技的局面，仅在上海地区，就有五家分别来自加拿大、法国、意大利、日本、英国的著名服装教育机构进驻上海办学及合作办学。信息化社会，全球一体化趋势，创意经济时代对我国的服装高等教育提出了新的要求，而这些要求集中反映在对多层次服装创新人才培养的问题上，问题的关键又表现为建全并完善服装创新人才的多样化培养体系上。针对服装设计与工程专业实施的“卓越工程师培养计划”，正是在这样的背景下推出来的，其目的在于：探索适应我国社会和经济发展对于现代服装设计与工程技术人才培养的需要，以及服装行业发展中对多学科交叉复合型人才培养的需要，体现教育“面向工业、面向未来、面向世界”的工程教育理念的一个新的培养体系。我们正在经历着中国服装高等教育第三次的跨越，这次跨越将使中国的服装高等教育在与国际接轨，与服装工业、与创意产业紧密对接中提升到国际化先进的标准水平。

伴随着服装的发展和服装教育的不断前行，服装设计教材也经历了不断更新、完善的过程。30年前从使用影印的日本文化服装学院的教材开始了我们的服装高等教育，时至今日，经过几个五年计划，培育出版的国产教材极其丰富，其内容更广泛、更深入、更切合服装工业的实际，更加系统，更加专业化。与此同时，还直接引进出版国际上著名时装院校的教材，吸收国际上先进的服装教育理念。在这样的背景之下，服装设计与工程专业又开始了新的“卓越工程师培养计划”的尝试，针对这一新的培养计划和目标，化学工业出版社组织了多所院校的教师撰写“‘本科教学工程’服装专业规划教材”，我们很荣幸，承担了服装设计教材的编写。本教材的基本特色主要有以下几个方面。

1. 着重阐述服装设计的基本知识、基础理论和基本规律，所选用的服装设计案例主要聚焦于成衣设计，具有针对性和实用性强的特点。

2. 撰写内容不追求面面俱到，而是将成衣设计作为重点加以深入探讨，在论述过程中，强化了时尚流行趋势分析与预测的内容，同时辐射到其他相关的纺织服装知识内容。

3. 充分与服装设计、生产、销售运行实际相结合，专门设置了“成衣设

计管理”章节，使该教材在“新颖”“特色”和“应用性”方面特点鲜明。

4. 对创造性思维和创新设计能力的关注和内容贯穿于教材的各个章节之中，并且在成衣设计核心章节中专门设了一个“成衣创意设计”单元，有针对性地加以深入阐述。

5. 与其他同类教材相比，该教材的另外一个特色在于，专门设置了成衣设计表现技法的章节，将适应于成衣设计与生产领域，最常用、最基本的表现技法进行较为深入的阐述，结合具体案例，图文并茂，以期达到实用、快捷、便于掌握和应用的目的，同时，也介绍几种适应于成衣效果图表现的电脑绘图软件。

6. 加配了教学案例，使本教材对学生的学习更具指导性和参考价值。

本教材不仅适合于实施“卓越工程师计划”的服装设计与工程专业，而且也适合服装与服饰设计、服装市场营销等相关专业本科及大专学生使用，对从事品牌服装设计的专业人员及广大的服装设计爱好者也具有参考价值。本教材立足于服装设计基础，强化成衣设计与表达，成衣设计管理的内容，是一本特色鲜明，实用性、针对性强的教材。

本教材共分六章，其中第二章“服装设计基础理论”、第五章“成衣设计效果图表达”由丁瑛老师撰写；第六章“成衣设计管理”由辛芳芳老师撰写；第一章“服装设计概论”、第三章“服装流行趋势的分析与预测”和第四章“成衣设计”由陈莹老师撰写。非常感谢各位撰写老师对本教材编写做出的重要贡献。同时还要感谢上海工程技术大学教务处处长谢红教授作为整套教材副主任委员的信任，感谢化学工业出版社的支持，在选题、教材框架和内容的把关上都为本教材付出了极大的智慧与精力。希望该教材能够得到服装院校师生及服装业界的欢迎。

编著者

2014年11月

目录
Contents

第一章 服装设计概述

教学目标

通过本章的学习，对服装设计学所研究的基本内容有一个明确的了解；对服装设计师所扮演的角色、履行的职责、基本的素养有一个清楚的认识；对当代服装设计的特点形成一个总体认知；对本课程的学习做好各方面的准备。

授课重点

服装设计学所研究的基本内容；服装设计师应具备的基本素质。

第一节 服装设计学研究的基本内容

从宏观的角度来说，服装设计属于工艺美术范畴，是实用性和艺术性相结合的一种艺术形式；是解决人们穿着生活体系中诸问题的富有创造性的计划及创作行为；是一门涉及领域极广的边缘学科，和文学、艺术、历史、哲学、美学、心理学、生理学以及人体工学等社会科学和自然科学密切相关。作为一门综合性的艺术，服装设计具有一般实用艺术的共性，但在内容与形式以及表达手段上又具有自身的特性。而服装设计学是研究如何进行服装设计的学问，其研究的基本内容直接指向服装设计的对象——人，以及社会科学与自然科学综合作用于服装所反映出的特性——时尚流行，具体包括服装设计基本方法与规律以及服装款式设计、结构设计和工艺设计之间关系的研究。

一、服装穿着者——人

人是服装的载体，服装是人类创造的产物，用来满足人类的各种需要。按照美国著名的社会心理学家马斯洛的“需求层次理论”，人类的需要被分为六个层次，它们由较低层次到较高层次依次排列，分别是生理需求（Physiological needs）、安全需求（Safety needs）、爱和归属感需求（Love and belonging）、尊重需求（Esteem）、自我实现需求（Self-actualization）、自我超越需求（Self-Transcendence needs）。人类对服装的创造伴随着自身不断的演进、人类社会的不断进步和人类需求层次的不断提高而逐步发展。由此，人类赋予了服装具有防寒、护体、美化、遮羞、标识、情感表达等一系列功能。作为服装设计师，不但要善于把握穿着者表面显现出来的需求，还要善于挖掘人们内心深处的潜在需求，甚至引导需求、创造需求。

服装设计是人类实现需求的重要媒介、表达方式和创造活动，它的规律、方法和审美原则也是以“人”为基本尺度总结提取出来的。因此，研究服装设计，首先要研究穿着者——人，其中包括人的着装心理和需求、人的审美观与价值观、人的个性特征和形体外貌特征、人的生活方式和行为特征等。但是这一切不是孤立存在的，而是与人类生存的自然环境和社会环境有着密切关联；也不是一成不变的，会随着自然与社会环境改变而演化。

二、时尚流行现象与流行趋势

人们审美情趣的变化、着装心理的变化和流行趋势的变化也是服装设计学研究的基本内容。这一切是基于对时代环境下人们的价值观、生活方式以及所呈现出来的时尚流行现象的研究。

有人说时装设计师是生活在超前时代的人，他们所创造的是未来的服饰风貌。事实的确如此，按照时尚流行规律来看，应季上市的服装要提前两年以上的时间就开始进行流行趋势的预测研究了，流行面料的推出提前一年，时装的发布提前半年。这就要求服装设计师独具慧眼，能够洞察、感悟存在于生活环境之中模糊不清但又暗流涌动的流行信息，把握未来流行的脉搏。这双“慧眼”除了一定的天生的敏锐之外，更需要后天学习训练所得。通过学习时尚流行理论，掌握流行规律，进行市场调研，主动观察、解析时尚流行现象，收集、研究流行趋势，多思考、多实践，敏锐的目光是可以训练出来的。除此之外，服装设计师，尤其是成衣设计师还必须具备将时尚资讯转化为品牌成衣设计之中的本领，用服装设计的特殊语言表达时尚流行，征服广大消费者。

研究时尚流行现象与流行趋势不仅仅是对当下，对近年来流行趋势的把握，还要对服装发展历史脉络有较为深入的了解，这是研究流行趋势的基础，能够帮助我们深刻理解并认识当今的流行与历史的渊源；从服装发展的轨迹中探寻流行的规律，有助于我们对时尚发展趋势做出合理的判断和预测。

三、服装设计的基本方法和基本规律

服装设计的基本方法和基本规律是人类长期在设计实践中体会、挖掘、总结出来的，具有普遍适用的意义，运用这些方法和规律可以帮助设计师创造出符合人们普遍审美心理和爱好的经典作品。因此，它们是设计师必须掌握的基本功。早在古希腊时期，由毕达哥拉斯为代表的学者们就对美的造型比例进行了深入的探讨，其研究出来的“黄金分割比例”被认为是能够被绝大多数人都认可的最完美的比例。之后的实验美学家们不断地从健康、完美的人体比例中找到了实证的依据。长期以来，“黄金分割比例”被人们尊崇为设计美学的法典之一，被广泛地运用在各种类型的设计之中，当然也包括服装设计。服装设计的基本方法和基本规律具有与“黄金分割比例”相同经典的特征，已成为服装设计教育不可或缺的基本内容。

然而，人类在探索、遵循美的设计规律的同时，也伴随着对经典和传统的突破。纵观服装发展的历史，也充分说明了这一点。整个20世纪的服装服饰发展充满了对传统服饰的离经叛道：初期的波瓦列特时期以及二三十年代对欧洲传统服饰古板造型、矫揉造作风格和繁缛装饰的反叛，而以清新、简洁和年轻化风格成为新的时尚；60年代，以“迷你裙”“比基尼”“嬉皮士服饰”为代表的现代青年服饰与传统着装观念彻底决裂；80年代初由日本服装设计师群体推出的“反时尚”（Anti-fashion）潮流，突破了西方传统服饰的经典造型；当今“（超）低腰裤”“羊蹄鞋”“骷髅装”等的流行现象也是很难用服装设计的基本方法和基本规律来解释的。总之，每个时代（时期）都伴随着对传统服饰的延续和突破。因此，对服装设计基本方法和基本规律的应用也必须是灵活的，不能机械化、程式化和禁锢化。

四、服装款式设计、结构设计和工艺设计之间的关系

服装设计的概念包括服装的款式设计、结构设计和工艺设计这三大基本内容，不是纸面上设计的概念，而是一个设计、制作、完成后的成衣概念。这三者之间相辅相成，密不可分，缺一不可，而且彼此作用，互为相长。所以说，款式设计是整体服装设计的依据，位于前端；结构设计和工艺设计是实现款式设计的基础，也就是说，是否能达到设计预期的效果，结构设计和缝制工艺很关键。

在进行款式设计的同时，设计师的心中要对结构与工艺设计有所考量，这种考量有时表现为有意识的和主动的，有时则表现为无意识的和自然而然的。无论是有意识还是无意识的，都要求服装设计师具备平面裁剪、立体裁剪以及制作工艺的基础知识与技能，否则设计出来的东西往往无法实现，或达不到理想的效果。从这个角度上来看，结构与工艺设计对款式设计有着制约性，在一定程度上束缚了设计师的“手脚”。但换个角度看，熟练掌握服装结构与工艺则能有效地降低这种制约性，甚至于可以转化为设计师创新设计的能动性，调动设计师对协调款式、结构和制作工艺三者之间关系的创新，使其达到相互支持的最佳状态，从而获得理想的设计效果。此外，服装结构设计与制作工艺虽然是服装款式设计的基础，但款式设计也能反过来对结构与工艺的创新突破起到关键的推动作用。

第二节　服装设计师

服装设计师顾名思义就是从事服装设计的人，换句话说是创造服装风貌的人，并有狭义和广义之分。狭义上指的是专门从事服装设计的专业人员，往往都是经过专业化的训练，掌握服装款式绘画技巧，熟悉服装结构和工艺，了解面料特征，研究时尚变化的人。专业服装设计师因从事不同类型的服装设计而有更细的划分，并被冠以不同的名称，如男装设计师、女装设计师、童装设计师、高级时装设计师、高级成衣设计师、普通成衣设计师及内衣设计师等。此外，服装设计师还因从事的工作内容性质不同被划分为设计总监、一线设计师和设计师助理。从广义的角度来看，服装设计师还可以是非专业人员，甚至可以理解为最广泛的服装穿着者，他们虽未经专业化训练，但都具有自我的审美意识和着装动机，每天都在从事着自我的服装搭配设计。尤其是20世纪50年代“街头时装”的兴起，直至现在流行的大众时尚、街拍服装等，普通大众，即非专业服装设计师所创造的服饰流行对主流服装设计的影响越来越显著。

一、服装设计师的出现

19世纪中期，由英国服装设计师查尔斯·弗雷德里克·沃斯（Charles Frederick Worth）开创了服装设计的时代。当时法国的尤金妮（Eugénie）皇后亲自任命沃斯为宫廷的服装设计师和裁剪师，自那时起便明确形成了服装设计师的概念，有了最早的服装设计师职业。与此同时，沃斯还将设计制作的服装让自己的妻子玛丽亚穿着展示，他的妻子也成为了世界上最早的真人服装模特儿。早期的服装设计师享有极高的地位，他们完全决定着服装的流行，左右着上流社会的情趣爱好。那些身居显赫皇家地位的女性为了谋得设计师设计制作的服装，不惜放下尊贵的身份去听取设计师的建议及安排，听从他们的指令来回走动试装。与沃斯大体同时代的服装设计师露西尔（Lucile）创造了为服装设计作品命名的做法，使作品更具魅力。服装设计师的出现促进了整个服装业和服装设计的发展，为保护设计师的作品不被剽窃，由沃斯发起，并于1868年创立了巴黎高级服装设计师协会。

二、服装设计师角色的分化与演变

20世纪初期至30年代，涌现出了一批杰出的服装设计师，最具影响力和代表性的设计师有保罗·波瓦列特（Paul Poiret）、金尼·朗万（Jeanne Lanvin）、可可·夏奈尔（Coco Chanel）、梅德阑·维奥内（Madeleine Vionnet）、伊莎·夏帕瑞莉（Elsa Schiaparelli）等，其中女性服装设计师占有相当重要的地位。设计师们发动了服装年轻化、自然化、实用化、简洁化的潮流，彻底告别了以成熟、老练、矫揉造作的贵族妇女为美的时代。

第二次世界大战结束后，以克里斯汀·迪奥（Christian Dior）、克里斯特巴尔·巴朗夏加（Cristobal Balenciaga）、休伯特·德·纪梵希（Hubert de Givenchy）为代表的设计师群体创造了20世纪50年代讲究时尚廓形设计的时代，其设计的高级女装以高贵、优雅、无华的面貌深入人心，盛世空前，设计师所扮演的决定时尚潮流绝对权威的角色没有改变。而在此之后，现代科学技术迅猛发展，电子计算机问世、太空航行登月实现、遗传工程的开启……尤其是“战后婴儿”的迅速成长，导致了社会结构和社会思潮的巨大变化，“街头时尚”随之兴起，具有反叛精神的青年群体对时尚的发展起到了重要的影响作用。此时涌现出了一批“先锋派”时装设计师，如帕克·拉班尼（Paco Rabanne）、安德烈·库雷热（Andre Courreges）、皮尔·卡丹（Pierre Cardin）、玛丽·奎特（Mary Quant）等，开创了20世纪60年代现代时装设计的新天地。与此同时，设计师的地位和所扮演的角色随之悄然发生了分化和演变，从先前对时尚潮流发展的“决定性”转变为“引领性”，具体表现为，一方面，主流设计师继续以自身的魅力引导着时尚潮流；另一方面则是受到来自另类青年群体街头时尚的挑战以及中产阶层消费倾向对时尚流行的左右，高级时装不断萎缩，高级成衣开始崛起。20世纪中后期代表性服装设计师有伊夫·圣洛朗（Yves Saint Laurent）、卡尔·拉格费尔德（Karl Lagerfeld）、乔吉欧·阿玛尼（Giorgio Armani）、杰佛兰科·费雷（Gianfranco Ferre）、加拉瓦尼·瓦伦蒂诺（Garavani Valentino）、杰尼·范思哲（Gianni Versace）、卡尔文·克莱恩（Calvin Klein）、三宅一生（Issey Miyake）、高田贤三（Kenzo）、川久保玲（Rei Kawakubo）及维微尼·韦斯特伍德（Vivienne Westwood）等，他们引导了回归自然、中性化、朋克、反时尚、雅皮士、复古风等一系列的流行浪潮。20世纪末至21世纪初，在那些具有影响力的设计师延续着他们创新能量的同时，设计师队伍的肌体中又增添了一股极富反叛精神、充满活力的新鲜血液，如胡森·查拉扬（Hussein Chalayan）、金泊尔·戈蒂埃（Jean-Paul Gaultier）、约翰·加里亚诺（John Galliano）、亚历山大·麦克奎恩（Alexander McQueen）及"安特卫普六君子"等成为代表性设计师。在他们的引领下，"内衣外穿"、解构混搭、未来科技、波普艺术、生态环保等时尚潮流此起彼伏。

如今，虽然服装设计师在一定程度上仍肩负着创造流行的责任，但以往所发挥的决定性作用已明显减弱，服装设计师越来越受到来自消费者个性化要求和选择的限制，以往比较单纯的服装款式设计已经被替换为生活方式的设计。每一季，设计师都要经历一个认识并把握流行趋势、寻找设计灵感、搜集面料和颜色的过程，并专注于设计出能够吸引特定消费群体的主题系列的生活方式。虽然时尚流行趋势仍然主要由欧洲专门的研究机构发布，但是相当多的设计师还是愿意到街头去观察消费者实际的着装趋势，从市场消费中把握流行动态，从街头大众的着装方式中汲取设计灵感。从这个角度上看，时装设计师所扮演的角色不仅仅是以往比较纯粹的服饰流行的创造者，还同时扮演着大众流行追随者的角色，在他们的许多设计作品中，或多或少都反映出街头风尚的影响。总之，当代的服装设计师服务于消费者的身份得到了极大的强化，满足消费者的需求，挖掘并创造消费者的需求，用情感化设计打动消费者，成为当代服装设计的一个重要特征。

三、服装设计师发挥的作用

纵观近现代世界服装发展的历史，服装设计师在其中发挥了巨大的作用，扮演了一个十分重要的角色。他们开创了服装设计的新时代，创造流行、引领时尚、美育大众、美化生活，指导并服务于消费者，传承、融通多元服饰文化等。伴随着时尚消费从贵族群体的小众化逐渐转变为大众化，服装设计师队伍有了实质性的发展壮大，并有了明确的划分。伴随着消费者审美水平的不断提高、时尚流行观念的不断加强以及个性化和自我意识的不断提升，服装设计师在时尚生活和服饰消费中所扮演的领导者的强势角色已逐渐转化成主要为服务大众的身份，所发挥的作用似乎没有早期时那么直接和显著了。然而服装设计师所扮演的时尚文化生活的引领者、创造者、服务者的身份和作用没有改变，只是更尊重消费者的意愿，更注重将自己个人的设计风格融入消费者的需求之中。服装设计师所考虑的问题更全面、更深刻，更关注环境保护、可持续发展等社会问题；设计上更体现人性化、情感化的特点；在创造服饰产品的附加价值上所发挥的作用仍然是巨大的和关键性的。

四、服装设计师应具备的基本素质

作为一个服装设计师必须具备良好的基本素质，它包括以下几个方面。

① 丰富的人文、社会、艺术、历史包括基本的自然科学的知识基础。

② 扎实的专业基础，如服装绘画、服装材料、服装款式设计、结构设计、制作工艺知识基础与动手实践能力。

③ 宽阔的视野、敏锐的观察能力，捕捉美、捕捉流行和设计灵感的能力。

④ 创新思维与创新设计能力。

⑤ 对服装设计的热爱与执着的追求。

⑥ 具备服装设计团队合作精神和坚强的毅力。

要做到这些，特别是对于立志成为时装设计师和从事服装工作的学生来说，需要不懈的努力；在接受服装教育的同时，也需要不断地追求自我完善，将基本素质的提高贯穿于学习、工作、生活的点点滴滴以及方方面面。

第三节 当代服装设计的表现形态与特点

服装设计的发展依附于时代的发展和社会的发展，因此，表现出鲜明的时代特征。此外，服装设计的发展伴随着对服饰传统文化的不断承袭与突破。基于“时代性”和“传承与突破性”两个方面来观察当代服装设计，不难发现它具有“颠覆性”“快时尚”“慢时尚”“跨界性”“泛时尚”“科技化”“环保性”的表现形态与特点。

一、颠覆性

服装设计在当今创意经济时代下更显著地表现出极度的创新性与个性化，即这里所表述的“颠覆性”。比尔·盖茨曾说过：“创意具有裂变效应，1盎司创意能够带来难以计数的商业利益和商业奇迹。”这个说法在亚历山大·麦克奎恩的颠覆性设计作品“低腰裤”和“骷髅丝巾”中得到印证，这种先锋设计被狂热地追捧，在席卷全球的案例中得以神奇体现（图1-1、图1-2）。同样，法国著名时装设计师金泊尔·戈蒂埃以幽默、反叛和惊奇的设计不断震撼整个时装界。20世纪90年代初，他为当时性感歌星麦当娜设计的具有冰激凌蛋筒胸部造型的紧身内衣式演出服，引起了“内衣外穿”的国际时尚风潮。图1-3是戈蒂埃在2012～2013秋冬季推出的女装设计作品中，也打破了传统的上下、里外服装的概念，上中有下，里中有外，极富创意，而又不失其实穿性。由此可以看出当今的服装创意设计是新奇的、惊人的、震撼的，但同时又是实效的。

图1-1 骷髅丝巾

图1-2 低腰裤

图1-3 戈蒂埃2012秋冬作品

二、快时尚

信息时代，时间因素对于一个创意产品的传播销售具有重大意义，而对于服装设计来说，其流动性、易逝性表现得更为突出。近些年来，以“H&M”“ZARA”为代表的“快时尚设计”迅速兴起，带动了全球的时尚潮流。快时尚是指以不具备经常消费高档奢侈品牌的能力，但对时尚有着强烈渴求的人们为目标消费群体；以“求速”为特点，借助奢侈品的设计力量，在流行趋势刚出现的时候，准确识别，把最好的创意最快地收为己用，并迅速推出相应的服装款式；以频繁更新的时尚、低价产品满足消费者对时尚的需求。实现快时尚的基础在于拥有快速反应能力的设计、生产、销售的灵活化、网络化和信息化系统。而这个基础正是当今创意经济时代的基本特征所能提供的。

三、跨界

人类创意或创造行为具有对学科交叉的依赖性。创意产业需要通过“跨界”促成不同行业、不同领域的重组与合作，通过“跨界”，寻找新的增长点，推动社会经济与文化的发展。“跨界设计”是当代服装原创性设计的重要渠道和方式。服装的跨界设计包括服装设计师与织物专家密切合作、艺术与服装设计联姻、科技与艺术结合及管理与设计结缘等。图1-4是英国圣·马丁服装设计专业教授与牛津大学生物学教授联手创造的生物主题的时装。虽然早在20世纪30年代就有了超现实主义艺术家萨尔瓦多·达利与时装设计师夏帕瑞莉联手服装设计的典型案例，然而在今天，这种跨界被提到了时尚舞台的聚光灯下，备受瞩目，如时装设计师三宅一生与艺术家蔡国强共同合作的“爆破服”（图1-5、图1-6）；路易·威登与画家Stephen Sprouse以及与日本艺术家村上隆合作的“涂鸦包”“樱桃包”红遍全球，时尚与艺术的结合已成趋势。

图1-4　生物主题时装

图1-5　时装设计师与艺术家合作现场

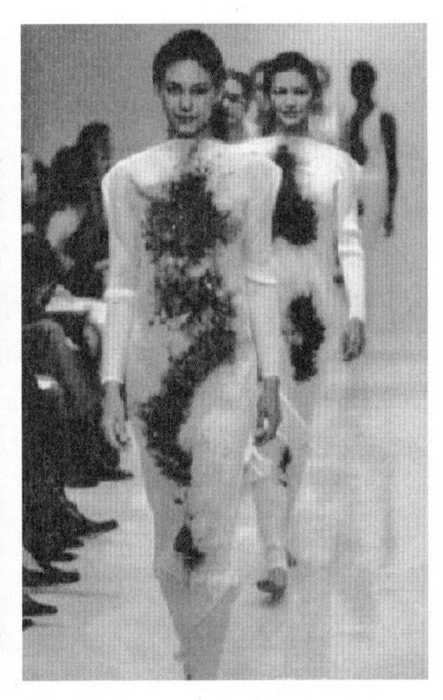

图1-6　时装设计师与艺术家共同创作的“爆破服”

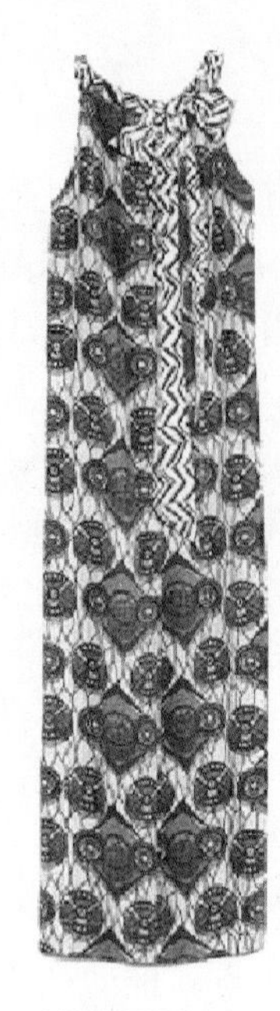

图1-7 Marni at H&M 2012 联名设计的印花连衣裙

影响力和传播性更为广泛的是H&M所掀起的跨界设计风潮。从2004年H&M与奢侈品牌时装设计师卡尔·拉格费尔德跨界设计开始至今，该品牌先后与Stella MeCartney、Roberto Cavalli、Victor & Rolf、川久保玲及Matthew Williamson成功合作。2011年推出“Versace for H&M”系列，2012年又推出“Marni at H&M”系列（图1-7）。不仅如此，H&M还与偶像明星Madonna以及澳大利亚性感歌手Kylie Minogue开展跨界设计，分别推出“M by Madonna”和“H&M Loves Kylie”系列。跨界设计使H&M赢得了巨大的社会效应与商业价值。2009年4月29日公布的全球品牌价值排行榜中，H&M以120亿美元的品牌价值，位列服装品牌价值第一。从服装品牌“联姻”现象中可以看到，跨界对时尚创意产业发展的重要性；奢侈大牌与大众品牌通过联姻，双方都获得了较大的收益。奢侈大牌通过大众品牌的消费市场，培育顾客群体，扩大影响力；大众品牌的消费群体能花较少的钱体验到大牌的设计和文化。

四、慢时尚

与快时尚设计相比，“慢时尚”以其突出的高品质、经典、怀旧感等特质对消费者发挥着特有的魔力。慢时尚所关注的人性化、情感化、体验性、交互式、民族性的设计在创意经济时代被提到相当的高度，这与创意经济时代讲求创意产品的特定文化内涵及象征含义的特征有着密切的关系。处于高度信息化、快节奏、高压力生活状态下的人们在享受着快时尚带来的变化与刺激的同时，又在内心深处渴望慢时尚所给予的精神上的滋养与身体上的舒展与快慰。如夏奈尔品牌所传承发展的经典；高田贤三、安娜·苏品牌所表现出的民族情节；“天意”品牌所营造出的中国传统文化内敛式的禅意等（图1-8～图1-10）。这种慢时尚在创意经济时代中不断地触动着人们情感化的神经，孕育出一批又一批富有感染力的创意服饰产品。

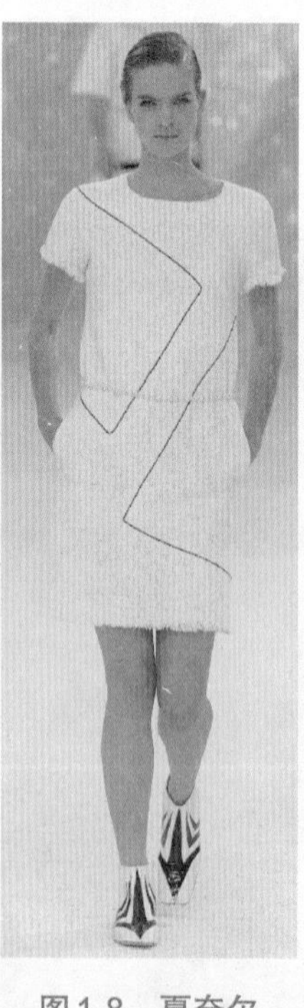

图1-8 夏奈尔 2012春夏作品

图1-9 安娜·苏 2012秋冬作品

五、泛时尚

所谓“泛时尚”是指时尚大众化、个性化发展到前所未有的极端程度。在创意经济时代，大多数人都自觉与不自觉地加入到创新的行列，成为创造时尚流行的主人。20世纪中叶产生的“街头时装”在创意经济时代的背景下，呈现出了新的面貌：首先表现为群体规模迅速扩大；其次是逐渐向主流化靠拢。近年来的“时尚街拍”及掀起的时尚“淘宝”热潮就是很好的例证。每个人都愿意在自己的“淘宝”行为和装扮的组合设计中秀一秀自己的智慧和美丽。泛时尚是“草根文化”“网络语言”“涂鸦艺术”“大众艺术”等在新时代的综合体现（图1-11）。

六、科技化

高科技的迅猛发展对服装创意设计的影响日趋显著，人们以更加前瞻的视野和高涨的热情，利用现代高科技手段，表现运动、速度、信息、力量和技术，创造着一个充满迷幻魅力，令人不可思议的未来世界。服装设计中的高科技化通常表现为以下几点。

（1）采用高科技手段获取人类普通视觉感官所观察不到的微观世界、宏观世界和科技世界中出现的元素和图形，以计算机CAD和数码印花的方式加以服饰图案设计与表达以及服装肌理效果的仿造（图1-12～图1-14）。

（2）高科技面料的开发与应用为服装设计提供了崭新的、前卫的、时尚的、特色化及功能性的材料，是当代服装创新设计的重要介质。图1-15是由来自荷兰设计团队Studio Roosegaarde研发出来的未来风格高科技透明面料时装；图1-16是英国设计师胡森·查拉杨采用高科技智能面料设计的未来风格时装；图1-17是采用3D打印技术制作的服装设计作品；图1-18是耐克公司研发的高科技功能性运动服；图1-19是带有能检测二氧化碳功能的高科技服装。

图1-10　梁子作品

图1-11　时尚街拍

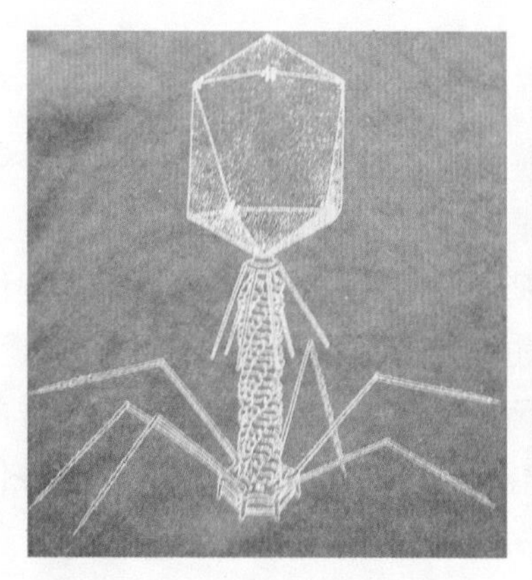

图1-12　应用于T恤衫上的微观病毒结构图案

图1-13　表现光电科技效果图案的时装

图1-14　表现幻化物质形态图案的数码印花时装

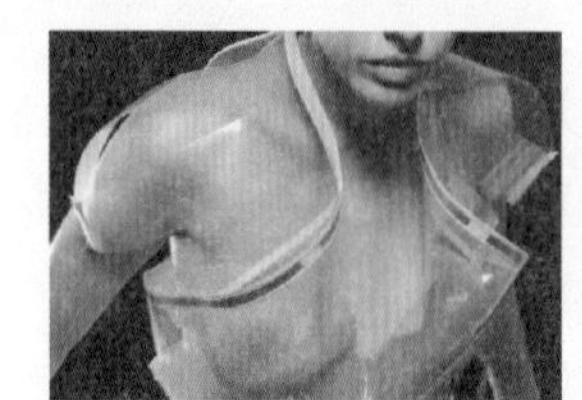

图1-15　高科技未来风格面料

图1-16　分形艺术图案

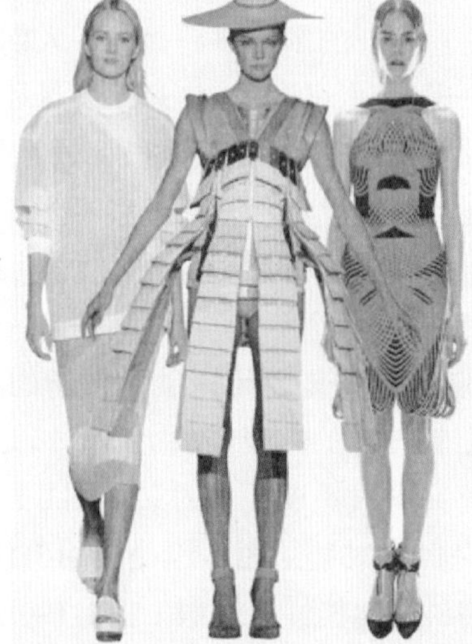

图1-17　可变形智能高科技面料

图1-18　采用3D打印技术制作的服装设计作品

图1-19　高科技功能性运动服

图1-20　带有能检测二氧化碳功能的高科技服装

（3）将数学、计算机与美学完美地结合，创造出崭新、奇特、迷幻的数理空间和美妙图形，运用于服装面料的图案设计，赋予服装以科幻的气息。由数学建模、编程语言实现的“分形艺术”就是其中的典型案例。从中能够观察到数学公式的内在结构以及这种结构配以色彩后表现出来的各种美轮美奂的意境（图1-20）。

七、环保性

经历了服装创意设计在观念上与传统的分道扬镳以及消费经济的热潮，人们逐渐冷静下来思考人类的生存环境问题。生态的观念、绿色环保的意识和返璞归真的心理逐渐转化为生态环保的服装创意设计理念。自然的、手工的、怀旧的、简约的、质朴的、清新的、随意的及混搭的服饰风格受到人们的喜爱；实用的、运动休闲的和多功能适应性广的服装受到人们的青睐；健康的生活方式、真我的生活态度和宁静致远的东方哲学之美，受到人们的推崇。在一次又一次反复的流行推动下，生态环保设计创新理念得到了不断的升华，成为当今服装设计创新的主流渠道。图1-21是直观表达生态环保主题的概念性时装，其中图1-21（a）、图1-21（b）是环保主题的概念作品，将保护野生动物的主题表现得淋漓尽致；图1-21（c）是马克奎恩2009春夏表现自然情怀的作品；图1-21（d）是加里亚诺采用混搭的手法，将废弃的可口可乐空罐、旧报纸等各种材质进行了内外、上下、

(a)

(b)

(c)

(d)

(e)

图1-21 直观表达生态环保主题的概念性时装

前后混搭，突出地表达了低碳环保、材料再利用的理念，颇具视觉冲击力；图1-21（e）是设计师用废弃了的电话簿上的纸张经过剪裁、折叠、黏合及缝纫这些非常细腻的手工而做成的礼服，很好地传递了生态环保的主张。图1-22是由生态环保理念演化出来的时尚成衣设计作品。

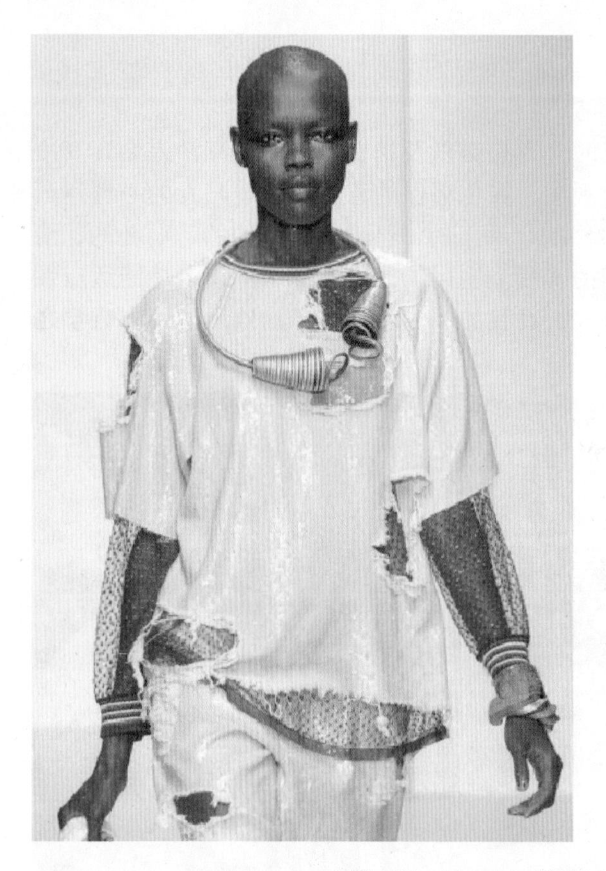

图1-22 Versace H&M 2012春夏联名系列

1.服装设计学所研究的主要内容是什么？
2.服装的基本功能有哪些？服装的基本功能与服装设计间的关系是什么？
3.纵观服装设计的发展历程，服装设计师角色发生了怎样的分化与演变？
4.当代服装设计呈现出怎样的表现形态与特点？
5.试分析“骷髅”图案服饰、“透视装”“超低腰裤”等颠覆传统服饰美感的服饰现象。
6.服装款式设计、结构设计和工艺设计之间有着怎样的关系？
7.作为服装设计师应具备怎样的基本素质？
8.如何认识和把握服装设计的基本规律与方法？

第二章 服装设计基础理论

教学目标

通过本章的学习，使学生掌握服装设计的基础知识、基本原理与规律，并能运用服装设计的基础理论指导设计实践。

授课重点

服装设计的基本原理与规律；服装设计的基本元素。

第一节 服装设计的基本原理与规律

一、造型原理

造型即创造形体，是艺术形态之一，造型艺术一词源于德语，18世纪的德国哲学家莱辛在《拉奥孔》中使用了这一名词。在德语中，造型原意为“模写”或“制作似像”。它是以一定的物质材料和手段创造的可视静态形象的艺术，包括建筑、雕塑、绘画、工艺美术、设计、书法、篆刻等种类。造型艺术的特征存在于一定的空间中，以静止的形式表现动态过程，依赖视觉感受，又被称为空间艺术、静态艺术和视觉艺术，与之相对的音响艺术被称为时间艺术、动态艺术和听觉艺术。造型艺术的上述特征都是由其使用的材料和表现手段决定的。由于造型艺术的门类不同，造型创作的特点由其表现手段决定，同时造型创作的特点和表现形式也存在着很大的差异。例如，画家在创作绘画作品时使用不同的绘画工具与材料，通过具象或抽象的形态、色彩的描绘来传达自己的感受，这样的艺术造型形式，是二维平面的形式；建筑是通过采用不同材料的加工手法，建造出可供人类居住、生活和

图2-1　以X型为特征的服装

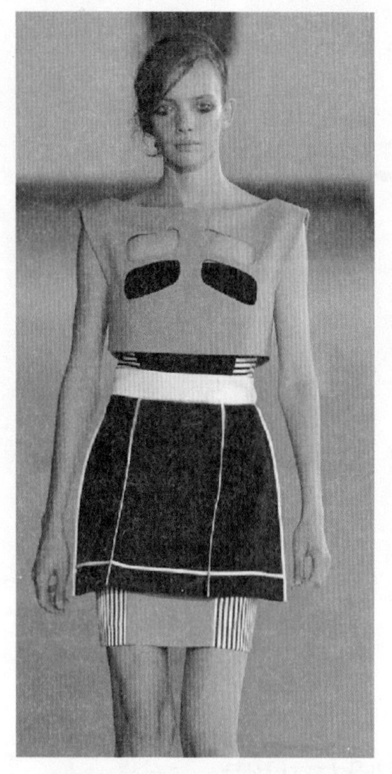
图2-2 点线面的构成设计

工作的适应性空间，并能反映时代科技和风尚的造型艺术品；雕塑家则利用不同硬度的材料，采用不同的创作手法来塑造艺术形态，这是一种具有多维立体造型的艺术形态。

服装设计是由造型、色彩、材料及工艺几大要素构成的，各要素之间有着千丝万缕的关系。而服装造型是服装设计中最显著的外观特征。

服装造型是指在形状上的结构关系和穿着上的存在方式（图2-1），可以理解为服装款式的表现包括了外部造型和内部造型特征，也称为整体造型和局部造型。点、线、面是一切造型的基本要素，在服装造型艺术范畴内，它的造型基础是人体，强调它二维或三维空间的形状（图2-2）。由于人体是一个有生命的多维活动体，服装造型便受到一定的限制。另外，服装是借助于面料载体，依附于人体，其造型必须用平面的材料转换成立体的形态，对服装材料的选择运用及工艺手段有更高的要求。服装造型过程中由二维平面向多维立体形态转化的这一过程，形成了与文学、绘画等其他艺术的差异。但这并不是说服装造型和人体只是简单的对应关系。它还必须遵循人体运动规律而存在。

二、形式美原理

变化与统一是形式美的总法则。变化统一规律在服装构成上的应用完美结合，是构成服装审美最根本的要求。对立是各要素之间的对比和差异，统一则是个体与整体各要素关系中种种因素的一致与协调。在服装设计领域里，任何一件完美的设计都是变化与统一共存的。因此，变化与统一是一种存在着对比变化因素的协调状态，主要通过平衡、比例、节奏与韵律、视错、主次与强调、夸张等几个方面的内容来显现。

（一）平衡

平衡本是物理概念，是物质的平均计量方法，如在同一支点上，两个同形同量或者同量不同形的物体相互保持平衡静止的状态即为平衡。在服装造型上平衡是指以均等的量布置的某一单元的状态，有“对称式平衡”和“非对称式平衡”两种形式。

对称是造型艺术中最基本的形式。从构成的角度来说，对称是图形或物体的对称轴相反的双方在面积、大小和位置在保持相等的状态下的一一对应。由于其符合人体的左右对称结构，因此对称的形式是服装造型中最基本、最常用的一种形式法则。对称具有严肃、大方、稳定及理性的视觉特征，多用于一些端庄、安定和正式风格的服装中。对称是造型设计中最简单的平衡形式，朴素单纯、平稳严肃、大方理性，是运用极为广泛的形式法则。对称形式主要有局部对称、左右（中心）对称（图2-3）和回旋对称三种。

不对称式平衡不同于对称平衡，它在形状、数量、空间等要素上没有等量的关系，但其以变换位置、调整空间和改变面积等取得整体视觉上量感的平衡。它丰富多变，打破对

(a)

(b)

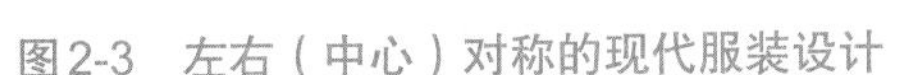
图2-3　左右（中心）对称的现代服装设计

图2-4　均衡原理的服装设计

称平衡的严肃、呆板，追求活泼、轻松的形式美感，在不对称中寻求相互补充的微妙变化而形成一种稳定感和平衡感，应用于现代服装设计中，这种平衡关系以不失重心为原则，追求静中有动，以表达出完美的艺术效果（图2-4）。

（二）比例

比例是体现整体与局部、局部与局部、部分与整体间的数量比值。当这种比值关系达到平衡状态时，即产生美的视觉感受。在服装设计中，我们要力求通过合理的造型设计、科学的剪裁与缝制工艺、合理巧妙的色彩、配饰搭配使服装、配件、色彩与人体的比例关系达到平衡（图2-5）。

图2-5　服装内外、上下的比例设计关系

（三）节奏与韵律

节奏是一切事物内在最基本的运动形式。在造型艺术中，节奏、韵律指造型要素点、线、面、体的形与色有一定的间隔、方向，并张弛有度地按照规律排列，使视觉在连续反复的运动过程中感受一种宛如音乐般美妙的旋律，形成视觉上的韵律感并引起注目的因素。这种重复变化的形式分为有规律的重复、无规律的重复和等级性的重复，三种韵律给人的视觉感受各不相同（图2-6）。

直线和曲线的有规律的变化，褶皱的重复出现，纽扣配饰点缀的聚散关联，色彩强弱、明暗的层次和反复，这些都会使服装产生一定的节奏感和韵律感，强化突出服装的审美效果。

（四）视错

由于光的折射及物体的反射关系或人的视角、距离不同以及人的感官能力差异等原因会造成视觉的错误判断，这种现象称为视错。在服装设计中，利用视错来进行结构的线条处理、面的大小对比、不同材质的拼接等工艺处理，不仅可以弥补、调整形体缺陷，突出人体优点，还可以让我们的设计充满情趣，富有创意。在设计上通常认为竖线能将人的视线纵向拉长，因此运用于女性礼服或连衣裙中，使穿着者产生挺拔、修长的感觉；由于横线能将人的视线横向延伸，因此，运用于男性服装造型中的肩部、胸部等，使其产生宽阔、健壮的感觉（图2-7）。

图2-6　结构造型的连续反复

图2-7　结构的分割和不同面料拼接所形成的视错

（五）主次与强调

主次是指事物各元素之间的层级关系；强调是事物整体中最醒目的部分，具有吸引人视觉的强大优势，通过对应元素的强调，可以强化主次关系。在服装造型设计中，必须有着重表现的重点与相互呼应的要素，形成一种秩序关系，主次分明才能更生动、引人注目。款式、面料、色彩及工艺等多方面都可成为设计表现的重点、主体，并对其加以强调。但要注意的是，服装造型的强调最终是突出设计主题，起到画龙点睛的作用，不能因为故意强调而影响到服装的整体造型和效果（图2-8）。

图2-8 面料、色彩的局部强调设计

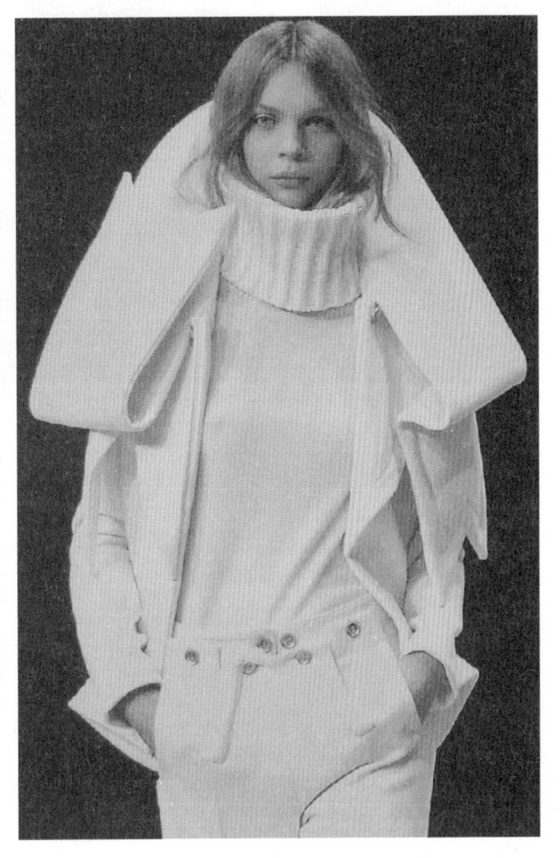

图2-9 局部夸张的现代服装设计

（六）夸张

夸张是在创作过程中，运用丰富的想象，根据主题的需要，对生活中的诸多表象进行分解、重组，扩大事物的特征，利用创新思维将实际事物变成理想的新的艺术形象。夸张是艺术创作的一种表现手法。在服装设计中，借助夸张手法，可获得服装造型的某些特殊的感觉和情趣。一般来讲，服装造型的夸张部位多在其肩部、领子、袖子、下摆及一些装饰配件上。夸张的运用应注重其艺术的分寸感，做到恰到好处为宜（图2-9）。

（七）对比与调和

对比是将两种不同的事物对置时形成的一种直观效果。在服装造型设计中通过色彩、款式和面料的对比关系，可以突出强调其设计的审美特征，使服装主次分明、形象生动。但是过分的对比，会产生刺眼杂乱的感觉。调和则是对造型中各种对比因素所作的协调处理，使其互相接近或逐步过渡，以给人以协调、柔和之美。在服装设计中，对比与调和是相辅相成的，对比使服装造型生动而个性鲜明，调和则使造型秩序统一、亲切柔和（图2-10）。

(a) 上紧下松的对比设计

(b) 上繁下简的对比设计

图2-10　对比与调和

三、结构原理

（一）定义

在服装设计中，通常将服装的轮廓及其形态与部件的组合称为“结构”。服装结构设计是将服装款式设计的立体构思用数字计算或实验手段分解展开，成为平面的各种衣片结构。正确的结构设计能充分表达款式设计的意图。将衣片的平面图放出缝份或折边便成为裁剪样板。

（二）结构设计分类

现代服装结构设计的基本方法大致可分为平面剪裁与立体剪裁两种。一般而言，平面剪裁有助于初学者认识服装裁剪法与人体之间的关系，为服装结构设计打好基础；立体剪裁则是直接用面料在人体模型上进行衣片结构的处理，做出服装造型变化，塑造立体形态，便于做一些创意或结构复杂的服装。

实际运用中，成衣生产的基本样板制定都是通过平面剪裁制成的，但必须在通过立体试衣调整之后才能进行正式大批量投产。另外，立体剪裁虽然在操作的过程中都是从结构与形式出发的，但是从人台上取下用别针固定的服装，组织和调整服装比例关系还是需要用到平面剪裁的知识。由此可见，平面剪裁和立体剪裁是如影随形的，为了使服装造型呈现出理想的效果，设计师可以结合两者进行调整，以达到自己的设计目的。

（三）结构设计的原则

首先，服装结构设计应以完美呈现设计师的意图为首要任务。其次，用何种结构设计方法来表现服装的风格特征、服装的整体轮廓与细节的分割、各部位的比例关系、服装的号型与各部位的规格尺寸等，都应加以考虑。再次，服装结构设计要注重局部细节结构设计。虽然领口、袖子等这些零部件不是服装主体，但就是这些微小的局部处理得细致得当，往往使服装锦上添花，使其整体风格更加精彩而独具韵味。最后，服装结构设计还应抓住体型特点来展现人体美感。服装结构设计是始终围绕着人的美化和确立大众认可的社会形象而展开的一项工作。人体千差万别，就算先天条件再完美的人，也希望借助服装让自己更加出众。因此，服装结构设计师不单单要考虑服装在模型上的美感，更多地要考虑其在人体穿上后的美感。服装结构设计师要学会运用更多造型来辅助、衬托、支撑人体美，不可颠倒主次，画蛇添足。

（四）服装结构设计的应用

服装结构设计的优劣，直接影响着服装质量的高低，因此，服装结构设计是服装造型的关键要素之一。服装结构设计既是款式造型设计的延伸和发展，又是工艺设计的准备和基础。一方面，其将造型设计所确定的立体形态的轮廓造型和细部造型分解成衣片，揭示出服装的细部形状、数量的吻合关系，整体与细部的组合关系，修正造型设计图中的不可分解成分，改正费工费料的不合理结构关系，从而使服装造型、工艺趋于合理而完美。另一方面，结构设计又为缝制加工提供了成套的规格齐全的合理的系列样板，为部件的吻合和各层材料形态配备提供了必要的参考，有利于高产优质地制作出能充分体现设计风格的服装成品。因此，服装结构设计在整体服装制作中起到了承上启下的作用。服装设计师若对服装结构设计十分精通，在设计服装时通过对结构的巧妙处理，独到地表达出自己的设计效果，会更加得心应手。

四、设计规律

随着人类社会的发展，服装从产生到发展，其变化让我们应接不暇，但这其中依然存在很多规律性的东西。

（一）顺应环境及市场需求

服装是顺应着人类的生活环境而产生的，并随着人类社会的发展而发展，因此，服装设计应遵循自然环境和社会环境，这样才能更好地满足人们的需求，在市场上占得一席之地。在自然环境中，地域差异、季节的更替变化直接影响着人们的穿着；而社会环境对服装的影响则更为明显。在服装发展史上，没有任何时代、任何国家、任何民族的服装可以脱离当时的经济、政治、文化等而孤立存在。

（二）相互模仿

模仿是一种社会现象，它通过行为、意识、概念的统一或类似，使群体生活的人更加协调。人们在衣着方面的相互模仿尤为明显，它使服装的变化产生连续性，引起服装地域的横向传播和时代的纵向传承。

（三）逐渐变化

服装的变化一直以来都比较缓慢，这也是顺应着人们心理的接受能力。但是随着交通、信息、通讯的发展，整个人类社会发展的节奏加快，服装变化的频率也在不断地缩短。

（四）融合并存

当一个国家、地区和民族移入了外来服饰后，总会与原来的服饰相互作用，或融化或并存在一起。如我国近代的旗袍不仅融合了汉、满、蒙等民族的服饰特点，也融合了西洋服饰的特点。随着文化的广泛传播与交流，世界上各个民族的许多服饰呈现出了国际化的趋势，同时，也保存了本民族特有的服饰风格。

（五）螺旋式周期性变化

每一季服装的流行都要经过兴起、普及、盛行、衰退、消亡五个阶段，旧的去，新的来。由于人体等因素对服装的限制，服装的创新只能在一定范围内反复交替。于是裙子由长到短又由短到长，衣服从紧身到宽松又从宽松到紧身；服装材料、色彩更是如此，从精致繁复到简单粗犷又从粗犷简单到繁复精致，暖色调流行过后也许就是冷色调，冷色调过后可能会是无彩色系，而无彩色系过后可能又流行暖色调了。

第二节 服装设计的基本手法

图2-11　以战争与和平为主题的高级时装设计

一、主题构思法

在服装设计中常常用到发散思维。通常需要先确定一个主题，然后在此基础上进行构思。主题可以是一首歌、一部电影、一种物品、一个民族元素等。选择具体的设计主题，比如建筑、瓷器、动物、花卉等，抓住它们的特征或者打动自己的点。根据这些具体的物体的感觉来构思服装的造型和元素设计，然后进行联想，需要用到什么材质、颜色和款式来表现这个主题的氛围、这个作品的效果。并通过服装具体的造型和设计元素来体现主题的整体感觉（图2-11）。

二、素材构思法

以某一时期的服饰文化或某一民族、民间的服饰文化为基本素材，借鉴和吸收其中的某些因素，如色彩、造型、配饰、装饰图形等，与现代设计观念和服装造型相结合进行综合性的设计构思。素材是设计师构思创作的源泉，是设计师获得设计灵感和设计诱发和启迪的必要手段。服装素材形式可以分为两种类型，第一种类型是有形的素材（如自然界的山川、花草、动物等），人造的物体（如建筑、场景、生活用品等），社会文化生活的某个领域、某个现象，某个方面（如科技、文化、环保、日常用品等）；第二种类型为无形的素材，如诗歌、绘画、音乐、电影等（图2-12）。

三、以点带面法

从服装的某一个“点”着手，从而把握服装的整体造型。例如先从一个自己觉得理想的领子、袖子、口袋等入手，逐渐地设计出服装的其他部位，使服装的整体都顺应着最开始的入手点（图2-13）。

图2-12　以日本折纸为素材的高级时装设计

图2-13　以花朵为元素的整体设计

四、同形异构法

同形异构法是将同一种服装廓型，进行多种的内部线条分割，这种方法有人俗称为服装结构中的“篮球、排球、足球”式（球的外形都是球体，但是有着不同的内部线条分割）处理。使用同形异构法要注意把握服装款式的结构特征，线条处理合理有序，使之与服装的外轮廓协调（图2-14）。

图2-14 同一个廓形的不同设计

第三节 服装设计的基本元素

一、造型元素

服装造型设计就是运用美的形式法则将各种各样的织物、色彩、形态以各种不同的形式排列组合，形成完美的造型过程，在视觉上产生不同的反应。

服装造型属于立体构成的范畴，点、线、面、体是形式美的表现形式，是构成服装造型的四大基本要素，这四个元素各自独立而又互相关联。

（一）点

不同于几何学中的“点”，在服装造型中的“点”是指在整体造型上分割出来的相对细小的形状，也是在造型设计中最小、最简洁、最活跃的元素。它无方向，却有标明方向的作用，具有突出、引人注目的特点。

点在造型中的存在是多种形式的，从设计意义上来说，点的视觉感受在于它的不同位置、形态、排列以及聚散变化而非点的形象。在服装造型中，小至纽扣，大至饰品，都可被视为点元素，恰当运用就能产生画龙点睛的作用。以辅料作为点元素，例如珠片、纽扣、铆钉等，往往既美观又实用；以饰品作为点元素既能点缀不同风格的服装，更能衬托出穿着者的个性与气质；以面料上的图案、装饰等作为点元素，往往能让服装更加新颖别致，成为整件服装中的设计亮点（图2-15）。

图2-15 纽扣的排列设计所形成的点

（二）线

点的移动轨迹构成线。线是一切设计的基础，是构成形的基本要素，它在造型中具有长短、粗细、面积、位置以及方向的变化。线又分为直线和曲线两大类，线的本身是没有情感的，但由于线的不同形态与特征，在造型艺术设计中的不同组织与排列变化形成丰富的造型效果，会让人产生不同的感受，如错视、错觉、均衡比例、旋律强调及趣味美感等。

在服装造型中，线的形态构成可表现为外轮廓造型线、分割线以及各种省、缝、折裥、装饰线、面料上的图形线等。

服装外廓型中经典的A、H、O、T等造型特征都是以外造型线的变化来显现的，造型线条是构成服装整体外形特征的形式。人体上的结构线是立体形态的，具有透视关系。造型线设计时应合理想象平面立体的相互转换。服装的外造型线还会因为服装材质的不同而产生不同的效果，因此也应加以考虑。

分割线分为服装结构分割线和装饰分割线，我们可以借助分割线的视错原理美化人体，创造出理想的比例和完美的造型。对于服装的分割线，可以运用其形态、位置和数量的不同组合，形成服装的不同造型及合体状态的变化规律。

工艺、材料所产生的线条如滚边、绣花、面料褶皱而产生的衣纹以及面料上的图案纹样广泛应用于服装，具有极强的装饰效果（图2-16）。

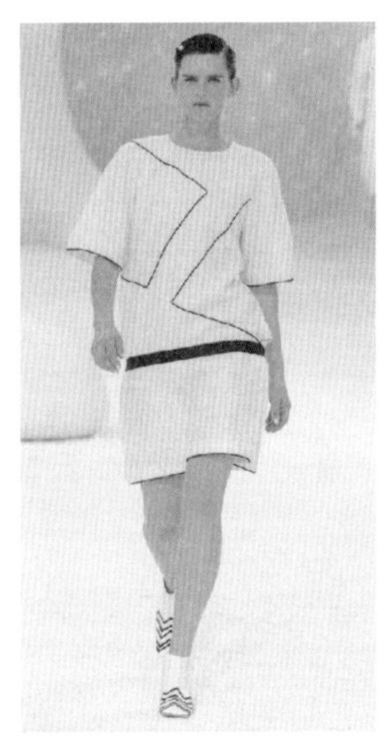
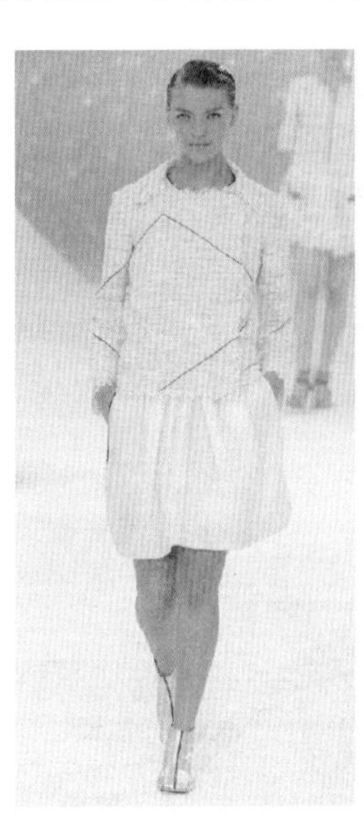
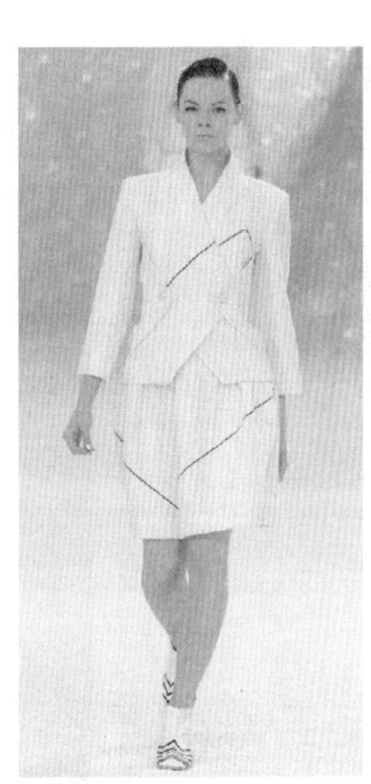
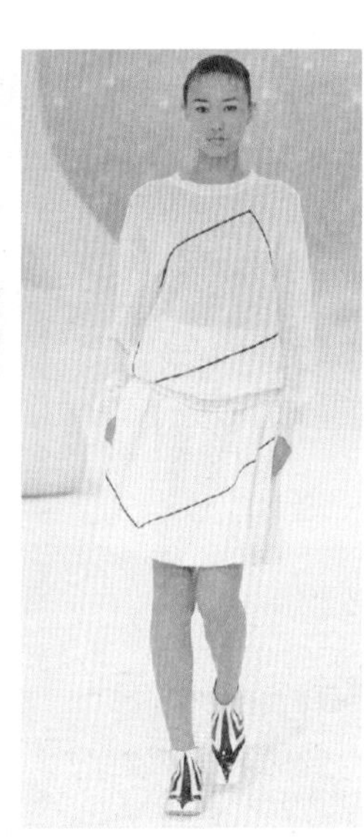

图2-16 以线的布局为特点的成衣设计

（三）面

线的移动轨迹形成了面，造型中的面具有二维空间的性质，有平面和曲面之分，可以有厚度、质感和色彩。面的作用在于分割空间，服装中的面分为结构面与装饰面。结构面的造型设计必须首先满足人体的合体和舒适性；装饰面则从属于服装结构面，即在结构面上做加法的处理，使服装在原有的结构上产生具体、生动、夸张的艺术效果，表现设计的独特（图2-17）。

图2-17　以不同面的穿插和组合为设计特点的成衣设计

（四）体

体是由面和面结合构成的，具有三维空间的概念，不同的形态有不同的个性。服装中体的造型主要通过面面合拢、面面重叠、面面嵌入，面的卷曲、点的堆积、线的缠绕与编结，材料的填充，点、线、面经工艺处理构成的空间以及面料再造的方式体现（图2-18）。

图2-18　体的造型在服装设计中的运用

二、廓型元素

廓型就是全套服装外部造型的大致轮廓，是视觉所感受到的服装与外空间的边缘线，即服装的外部造型剪影，即服装体积的大小和形状。廓型是服装造型的根本，服装造型的总体形象是由服装的外轮廓决定的。服装廓型的变化影响着服装流行时尚的变迁，是时代风貌的一种体现。服装廓型的设计可以是曲，也可以是直，廓型的塑造根据面料的特点可以是松、紧、软、硬等。服装的廓形折射出时代的审美感和流行的变迁，同时又能体现出设计师或品牌的风格特点。

廓型分为物象形和字母几何形，物象形指的是例如鱼尾形、喇叭形、郁金香形等模拟自然生物形态或人工形态创作的廓型；字母几何形是指H形（箱形）、T形（梯形）、A形（三角形）、X形、O形（圆形）等浓缩了经典廓型特征的命名。服装廓型的设计深受各种物体的外部形态的影响，设计师也善于从生活中去借鉴和提取其他物的廓型特点，结合人体本身的特点进行新的廓型的变化和设计（图2-19）。

图2-19　深受现代建筑影响的服装廓型设计

三、结构元素

服装的结构元素主要指的是服装造型线，而服装造型分为服装的外部廓型设计和内部结构设计，外部廓型进入视觉的速度和强度远远高于内部结构，但服装的内部结构起到画龙点睛的作用，是对外部廓型的丰富、充实。内部结构更多地体现形式美的法则，让人领会到服装细节的精致合理。

服装结构线不论繁简，都不外乎由直线、弧线和曲线三种结合而成。结构线分为省道线和分割线。省道线是根据人体起伏变化的需要，把多余的布省去，制作出适合人体形态的服装。省道是围绕人体凸点而做成的，形状为三角形。人体各部位的省道有胸省、腰省、臀省、后肩省、腹省、肘省等。分割线是结构线中位置最自由、变化最丰富、表现力最强

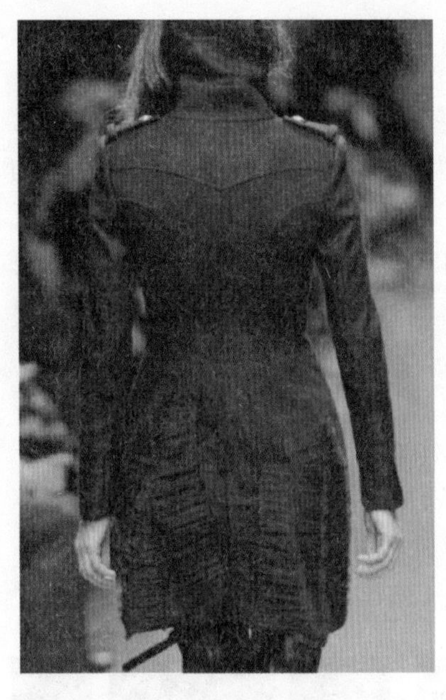
图2-20 现代成衣设计结构线的变化

的一个类型。其中，经过人体凹凸的分割线具有省道的功能，它是在省道的原理上，利用衣片的分割来进行余缺处理（遇缝藏省）。分割线可分为垂直分割、水平分割、曲线分割、斜线分割和非对称分割等（图2-20）。

四、细节元素

（一）领

由于领接近人的头部，是视觉注意的中心，领的设计十分重要。按领的结构特征可分为立领、翻领、翻驳领和领口领四种基本类型。

1. 立领

立领结构较为简单，具有端庄典雅的情致。多运用于女士上衣、旗袍及学生装中。

2. 翻领

翻领是领面向外翻折的领型，可分为立翻领（领座与领面分开）和连翻领（领座与领面相连）。翻领的应用十分广泛，立翻领多应用于衬衫、中山装等，显得挺拔精神；连翻领多用于运动衫、夹克，显得休闲轻松。

3. 翻驳领

翻驳领是领面与驳头一起向外翻着的领，常用于西服。翻驳领一般比其他领大，线条明快流畅，在视觉上给人以宽阔、大方、精干的感觉。

4. 领口领

领口领只有领圈而无领面，它可以与适当的领片配合塑造领形，也可以单独作为领形，领口简洁，利于展示脖颈美，多用于女性夏装、晚礼服、T恤衫上。

将四种基本领形拆分组合，还能变化出很多别具一格的新领形（图2-21）。

（二）袖

袖的造型对服装款式变化影响很大，而袖山、袖身、袖口的造型则是决定袖造型的关键。

1. 连袖

连袖是袖子与衣身直接相连的一种袖型。一般比较宽大，穿着比较舒适，连袖常被认为是最具有东方韵味的一种袖子，常用于表现东方文化的主题设计之中。

2. 圆装袖

圆装袖也称西装袖，是一种袖子与衣身分开裁剪的

图2-21 领型设计体现流行趋势

袖型。圆装袖的造型充分考虑了上肢形态和活动规律，并使其圆润、庄重和适体，但其仍然会对手臂的活动有所制约，因此，多用于手臂活动量不太大的、风格端庄的服装之中。

3. 平装袖

平装袖也叫衬衫袖，它也是一种袖片与衣身分开的袖型。但平装袖的袖山弧线长度与袖笼弧线几乎相等，一般一片袖成型，造型较宽松，可运用于适合运动比较休闲的服装。

4. 插肩袖

插肩袖可以理解为将平装袖的袖笼弧线的形状、位置改变，使上衣的肩部与袖连成一片，给人以流畅、修长、富于变化的感觉。插肩袖在现代服装设计中运用十分广泛，不仅适于自由宽松的服装，在一些相对适体的服装中也很常用。

5. 袖口袖

袖口袖即以袖笼为袖，它的设计重点在于袖口的工艺处理和装饰点缀（图2-22）。

图2-22 富于变化的袖子设计

（三）口袋

口袋是经常使用的零部件，它不仅具有实用功能，也具有一定的装饰功能，主要有贴袋、挖袋、缝内袋三种。

1. 贴袋

贴袋即贴缝在服装表面的袋型，具有制作简单，变化丰富，装饰性强等特点。

2. 挖袋

挖袋的袋口开在衣片上，而袋身则在衣片里。

3. 缝内袋

缝内袋的袋口夹在衣片与衣片的缝合线中，袋身也在衣片里，如果不强调袋口的表现，一般会显得很隐蔽，因此，在需要袋的实用功能而不太注重其装饰功能时可选用缝内袋（图2-23）。

图2-23 口袋设计的变化成为服装的重点

（四）门襟

门襟按照其宽度和门襟上扣子的排列方式可分为单排扣门襟和双排扣门襟；根据其结构

图2-24　简洁又富有特点的门襟设计

图2-25　肩襻的设计和点缀

特征，可分为通襟和半襟；根据开襟位置还可分为正开襟、偏开襟和插肩开襟。门襟的形态结构应与衣领、大身相协调，不然不但会制作困难，而且还会影响造型美（图2-24）。

（五）襻带

襻带在服装中的应用不如上述其他部件那样重要和普遍，但它在实用性和装饰性方面也具有一定的作用。如襻带用于男装肩部能夸张肩部的宽度，展现穿衣者的魁梧体魄，用于女装肩部则增添女性的中性帅气味道；用于腰部可以突出腰部的曲线；用于袖口，可以使袖口富有变化，也方便穿衣者的活动（图2-25）。

在实际的服装设计中，领、袖、袋、门襟、襻带是不可分割的整体，只有把它们巧妙地结合起来，才能使服装产生美感。

五、材料元素

（一）材料的种类

材料是服装中不可缺少的构成要素，它不仅是实现设计者设计构思的物质基础，更能使服装超越设计图上的效果。在服装材料日益丰富的今天，如何充分发挥材料的本质特征去表现服装的外观美已成为设计不容忽视的内容。

1.棉、麻织物

棉、麻织物是人类使用最早的服用材料，其外观具有粗犷、质朴的风格。针织棉织物因吸湿性、透气性和弹性较好，非常适合于内衣设计，而机织棉、麻织物则适于设计轻便、舒适的休闲装。

2.丝织物

丝织物一般具有轻柔高雅、雍容华丽的外观风格，是设计高档服装特别是高档女装的首选材料。用丝织物设计服装，要特别注意里衬的选择，里衬的色彩、厚薄、软硬度等都要以不损坏丝织物面料的穿着效果为原则。采用丝织物设计服装应多利用丝织物悬垂性好、光泽优雅的优点，并尽量减少分割，否则很容易留下难看的痕迹。

3. 毛织物

毛织物俗称呢绒，具有沉稳、庄重的风格，用其设计服装不宜过多使用抽褶，但若呢绒较薄，则可以采取抽褶的方式减弱呢绒的庄重、成熟感。过分花哨的装饰都不适合呢绒，而明显的轮廓、简洁的分割线却很适合呢绒服装。

4. 针织物

针织物质地松软、弹性好，用来设计服装可以很好地展现人体曲线，使穿着者感到舒适。由于针织物的衣片是通过针织机织出来的，所以要尽量使款式简洁，避免缝合线。这样不但可以提高生产效率，还可以保持织物表面肌理的完整性和美观性。另外，可以通过图案的虚实、色彩的拼接、利用其他材质与针织物拼接等方法，设计出不同质感和风格的服装。

5. 裘皮

裘皮是制作高档服装的材料。随着纺织技术的发展和人们环保意识的增强，人造裘皮几乎可以以假乱真，也逐渐受到了人们的欢迎。由于裘皮质地蓬松、柔软，不宜设计较复杂的结构，因此裘皮服装的设计应追求高雅、简洁的风格。裘皮服装设计也可以采用与其他材质拼接的方法，使服装材料有机结合起来，产生较强的肌理对比，以丰富服装变化。但由于裘皮的绒毛与光泽使裘皮呈现出成熟丰满的特征，在裘皮与其他面料组合时，要注意整体风格的一致，色彩的对比不宜过强，与之组合的材料应以皮革、呢绒或丝绸为主。

6. 皮革

皮革是刮去毛，并经过鞣制加工的兽皮。由于动物的种类、生长时间、生产条件以及皮子剥取季节不同，其大小、质感也会不同，再加上生产过程中不可避免的损伤、染色等，制作一件皮革服装往往需要多次挑选、拼接。因此皮革服装的设计可采用多块面分割的形式，这样既能与皮革的外观风格协调，又能适应生产的需要。

（二）材料的肌理形式

如果用同种材料制作服装，其色彩相同，表面肌理也相同，会使人感到平淡而单调。所以应尽可能采用各种技巧使同一块面料产生不同的肌理，并把它们运用到服装的相应部位，避免材料表面肌理过分一致而使服装平淡无奇。让同一材料产生不同肌理的方法有如下几种。

1. 抽褶

用线或松紧带将材料抽缩，使材料表面产生许多皱纹或碎褶。

2. 折叠

将材料有秩序地折叠起来，使材料表面出现有规律的条纹或方格等图形效果。

3. 镂空

抽去织物的部分经纬线，或在皮革、毛皮、呢绒等较为厚实的材料上挖洞，均可以产生不同的效果。不过要处理好镂空的边缘，以保持镂空的美观度。

4. 编织

将材料裁制成条带状，然后将其编织成具有一定图形的块面。

5. 浮绣

将薄薄的棉花或类棉花的物质垫在较柔软的面料下面，然后再将材料的表面缉绣所需要的图案，材料的表面会出现类似浮雕效果的肌理（图2-26）。

(a) (b) (c) (d)

图2-26 同一种材料的肌理、颜色的不同处理打破了时装的单调

用同一种材料不同肌理的手法设计服装，要注意一些法则。如要让未变化的部分和变化的部分有一定面积差；肌理的变化要注意整体的均衡，可以让肌理的变化在一套服装中多次出现，使服装在造型上产生呼应和节奏感。

一般情况下，外观差异大，而风格、厚薄、软硬程度接近的材料拼接在一起，容易产生视觉上的平衡。如呢绒与皮革、灯芯绒与同等厚度的针织罗纹布。若拼接的材质分量少而差异又较大，则应调节它们之间的面积差，一般让“轻”的材质占有更大的面积，而让“重”的材质占有较小的面积，以达到视觉上的平衡。

用不同材质拼接还应注意让其中一种占有较大面积，使其起到主导的作用，以突出材料的特征，体现服装的整体风格（图2-27）。

(a)　(b)

(c)　(d)

图2-27　不同材质的组合和拼接丰富了服装的视觉设计效果

由于不同材料之间一般都存在较大差异，为了调和因这种材质差异感而引起的“不平衡”，可以使不同材料色彩相近或相同。同色而不同材质的组合，更容易产生和谐的美感。

六、服装设计创造性思维方式

创意设计是依据素材的形象或内在的精神加以变化的过程。在设计中，多向思维是构成创意设计的中心。

设计思维是指构思的方式，是设计的突破口。创意与思维密不可分，思维是创意之母，创意是思维的结果。设计师思维的活跃程度、灵活性直接影响到设计实践的结果。创意的深度、广度、速度以及成功的概率，在很大程度上决定于思维的方式。

多种思维方式并不是孤立存在的，在设计实践过程中，可能需要同时综合运用几种思维方式，才能更好地实现设计。

（一）具象思维

具象思维又称形象思维，是以具体形态或结构为重点，以“拷贝”“模仿”的联想方式，把设计形态与具象形态结合起来，最大限度地再现灵感素材的本来形象特征，以此表现素材的具体形态。具象思维在服装设计中常被采用，其能较为直观地再现素材的原形，反映出人、服饰和素材之间的联系。具象设计思维方法并不是代表设计作品要完全与素材相像，而是通过一些变形或者采取某一局部或大体相似，以此来表达设计特点。具象思维创意设计方法分为加减法、拆解组合法和自然摹仿法。

1. 加减法

加减法不过多变化素材形体，而是利用其进行大小不同的组合。可以强调素材在设计中的增减，使其表现出体积感、量感和形态美等固有的形式美感。

2. 拆解组合法

拆解组合法是选择一种或几种素材，在此基础上拆解打破原有的素材形态，根据设计主题需要将其巧妙地组合变化成为一个有机的整体，创造出新颖的设计形象。采用拆解组合法时，要注意避免古板的机械组合，对素材形态进行择优，拆解组合才能出奇制胜，得到意外的惊喜。

3. 自然摹仿法

自然摹仿法即摹仿自然形态，直接表现出素材在人与服装上的外在形象，突出设计的写实性。巧妙地运用自然摹仿法，往往更能烘托出设计主题的氛围，拉近人与素材的距离，展现出自然朴实的形象（图2-28）。

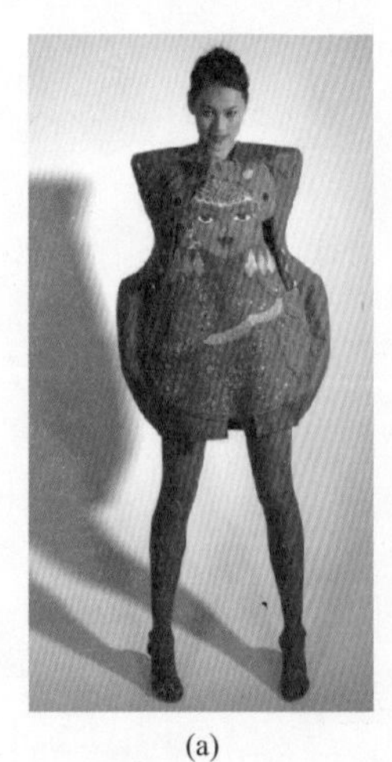

(a)

(b)

图2-28 模拟物品的具象思维设计作品

（二）抽象思维方法

服装设计更注重抽象思维来表现作品，抽象思维能概括、简洁地提炼素材的本质特征，表现素材的精神内涵，从形式上达到似与非似的突变创新。当根据素材进行联想创意时，首先要对原有素材的形象进行“破坏性”的拆解，只有变异才能达到抽象化的设计效果。这种“分解”和“变异”再到“重组”都是抽象思维的体现。素材经过抽象思维想象提炼甚至转化成与其相关的新的形象，突出其重要的形象特质而忽略其真实形状时，既可认为它被“抽象化”了，也可称为“风格化”了。这种提炼需要经过设计师的主观意识对作品进行抽象思维设计，在作品中自然形成个性，而这种个性的抽象化设计必然形成设计作品的风格。因此，抽象思维的设计是高层次的设计思维拓展，是在形象思维基础上的一个飞跃，体现人类高层次的艺术创造力和对素材的创新。

从具象思维到抽象思维的运用过程是一个飞跃。抽象思维设计法需要设计师更加深入领悟理解素材的内在含义，对其进行提炼，在不断探索中蜕变出创新设计。抽象思维方法分为转移法、变异法和夸张法。

1.转移法

转移法即抓住素材的特点，改变其原有形态，提取其颜色、线条或其他局部特征，运用于服装设计之中，如此才能让服装设计更具有主题性和趣味性。

2.变异法

变异法是在改变素材原有形态的基础上，抓住素材的内在意义，将素材最鲜明的特征带给我们的感受用抽象或具象的方式表现出来，即对素材原形进行刻意的强调、变形。

3.夸张法

夸张法是利用素材特点，通过艺术手法将其原有的形态进行变化，以更符合设计主题的定位，同时也达到一种形式美的效果，是一种化平淡为神奇的设计手法。在服装设计中，夸张的手法比较常用，除了整体造型外，面料、装饰等细节都可以使用夸张手法。但需要注意的是，夸张也需要掌握好尺度，太过就会哗众取宠。此法比较适用于表演性服装的设计中（图2-29）。

(a)

(b)

图2-29　深入领悟理解素材的抽象思维设计作品

服装创意的思维是感性的，也是理性的、复杂的创造性思维，具有非逻辑性、非程序性的特点。在服装创意思维的因素中，直觉、灵感和想象是最重要的思维因素，它们在创意中往往起突破性、主导性的作用，正是由于这些作用，服装创意思维才会呈现出多层次、多角度的特点。在服装创意思维过程中，创意火花的闪现都是多种因素同时或错综地起着作用，既有建立在对比联想基础上的想象活动，也有灵感迸发的情趣激动和对问题获得深刻理解的直觉顿悟。

“人们不想看到衣服，他们希望看到的东西，是想象力的燃烧”(Alexander Mcqueen)。想象是一个人创意思维的丰富性、主动性和生动性的综合反映，是一个人创作思维能力的主要表现。“想象力比知识更重要，因为知识是有限的，而想象能概括世界上的一切，推动着进步，并且是知识进化的源泉。”丰富而浪漫的想象力，是创意思维不可或缺的主观条件。想象是一个不受时空限制、自由度大、富于联想与创意的思维形式，它可以由外界激发、内心感受，也可以由自己选择的方式引起、产生。服装的创意需要想象，没有想象，就不会产生丰富的联想和创意。我们在创意服装构思过程中，常常是由既定的素材产生与素材相关的联想和遐想，由感性的思维带动内在的激情从而延伸出一连串的新的形式和内容。不经想象地再现现实生活中视觉形象的，并不是创意设计的追求。低层次表面地模仿素材的造型，是最初层次的创意，只有通过想象才能达到对素材本质的理解、提炼和概括，达到形象的构思和再造。

直觉是创意思维结构中最具活力、最富有创造性、最有发掘潜力的因素之一。直觉用来指遵循判断者没有意识到的前提或步骤进行的判断，特别是那些他所不能诉诸语言的判断。即使从一些毫不相关的事情中，也会获得莫大的启示，重要的是培养自己敏锐的直觉力。有了这种直觉，就可以在收集和整理服装资料时，瞬间地捕捉到、感受到所需要的服装资料和信息，引发强烈的兴趣和注意力，进而去关注、研究它。运用直觉思维因素，既可得到新的启示，又能拓展设计思路，在感受和吸收新元素的前提下，创作出具有现代意识的作品来。

1. 服装设计的基本原理与规律有哪些？

2. 服装设计的基本手法应注意的特点是什么？相互之间是怎样的关联？请运用其中的任一手法表现设计。

3. 服装设计基本元素的提取方法有哪些？运用时应如何具体体现？

4. 创造性思维方式对服装设计的重要性体现在哪些方面？

第三章 服装流行趋势的分析与预测

教学目标

通过本章的学习，掌握服装流行趋势分析与预测的基本知识、基础理论与基本方法；能够对现有的流行现象进行合理的分析；能够进行流行趋势的调查，并对所掌握的信息进行分析、预测与表达。

授课重点

影响服装变化与流行的因素；流行趋势的调查、分析与预测；时装流行趋势主题的确定与表达。

对服装流行趋势的分析、研究与预测是从事服装设计的前提和方向，只有准确把握住了时尚流行趋势，才能设计出具有时代气息，符合当代人生活方式及审美需求，并在市场竞争中取胜的服装产品。

第一节 服装流行

一、服装流行的基本概念

时尚潮流的发展，通常被称之为宏观走势，涉及社会、政治和经济等问题，反映出人们审美方式、思维方式和生活方式的变化。趋势预测基于众多的信息，这些信息来源于互联网、报纸、电视、电影、剧院及文化事件，存在于人们的日常生活之中。流行趋势预测专家们从这些信息当中寻找共同点，并作为预测新趋势的基础。然后，他们寻找相应的证据来支持自己对趋势的感觉与判断，并思考流行趋势将如何转换成时尚。

（一）流行

流行表现的是文化与习惯的传播，表示的是按一定节奏，以一定周期，在一定地区或全球范围内，在不同层次、阶层中广泛传播起来的文化。一种事物从小众化渐渐变得大众化，便是流行。

流行具有“入时性”“暂时性”“消费性”“周期性”和“选择性”的特征。流行的心理因素是动机，它表现为要求提高社会地位、获得异性的注目与关心、显示独特性以减轻社会压力、寻求新事物的刺激以及自我防范等。

（二）流行趋势

流行趋势指的是在一定的历史时期，一定数量范围的人，受某种意识的驱使，以模仿为媒介而普遍采用某种生活行为、生活方式或观念意识时所形成的社会现象。流行趋势究竟从何而来？曾经被人们广泛接纳的观点是，时尚开始于T台秀场，以及有着相当社会和经济地位的高端消费者，然后被人们广泛接受，转化为大众市场的风潮。当一种流行成为趋势时，它同时在向新的创新移动，孕育着下一个流行趋势，这就是在1957年由西美尔提出的所谓“渗透理论”。当然，有可能在同一时间里，有几种流行趋势并存。

（三）服装流行趋势

服装流行趋势指服装在现阶段流行风格的持续，以及未来一段时期的发展方向。服装流行趋势是社会、经济和人们思潮发展的综合产物；是在收集、挖掘、整理并综合大量国际流行动态信息的基础上，反馈并超前反映在服装市场上，引导服装的生产和消费。服装流行趋势还从一定程度上表现出上升性循环往复的周期性。从图3-1漫画中可以看到，服装经过发展的一个大周期，现代迷你豹纹裙与原始豹皮裙邂逅，竟如此的相似！但这是站在高跟鞋上的相遇。

图3-1　表现服饰流行周期性循环往复性质的漫画

二、服装流行的基本类型

服装流行表现为多种存在形式，经过对这些形式的分析与比较，可以归纳为稳定性流行、一时性流行、反复性流行和交替性流行四种基本类型。

（一）稳定性流行

稳定性流行的运行轨迹呈现出从初始流行向上移动升至最高峰，而后回落，在降至一定位置时保持了一种稳定性的延续状态（图3-2）。例如，在20世纪70年代末80年代初流行的石磨水洗牛仔裤，自从流行开始就被追求时尚的青年人所推崇，后又被大众所喜爱，流行高潮期之后，在时尚舞台一直占有一席之地，成为稳定性的流行，不太受新流行的左右。此种类型的流行颇具代表性，从某种角度上来看，成衣设计的特点很能反映出此种稳定性流行的特征（图3-3）。

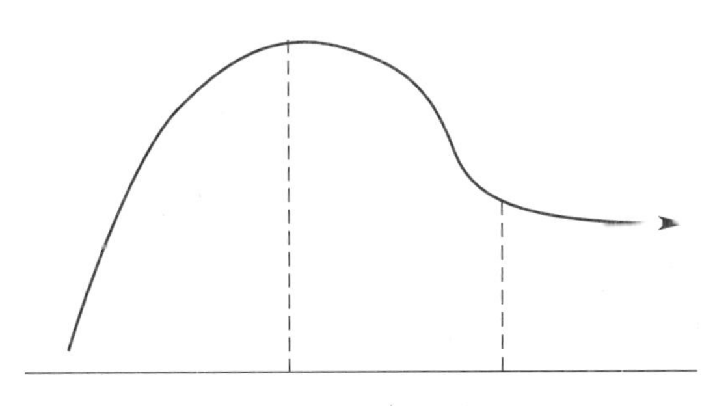

图3-2　稳定性流行示意图

图3-3　具有稳定性流行特征的石磨水洗牛仔裤

（二）一时性流行

一时性流行是指流行趋势呈现出一个由初始上升至高潮后回落，继而消失的运动轨迹（图3-4）。一时性流行往往基于突发事件或超前卫思潮及行为，与主流生活状态有一定的距离，而在近阶段中不具有反复性流行的性质。但这并不代表永远的消失，当到了一定合适的时候，还有可能再次成为流行。图3-5是20世纪60年代法国“先锋派”时装设计师帕科·拉班尼（Paco Rabaane）设计的金属时装，受到年轻人的热捧，其流行达到高潮后则淡出人们的视野，具有明显的一时性流行的特点。

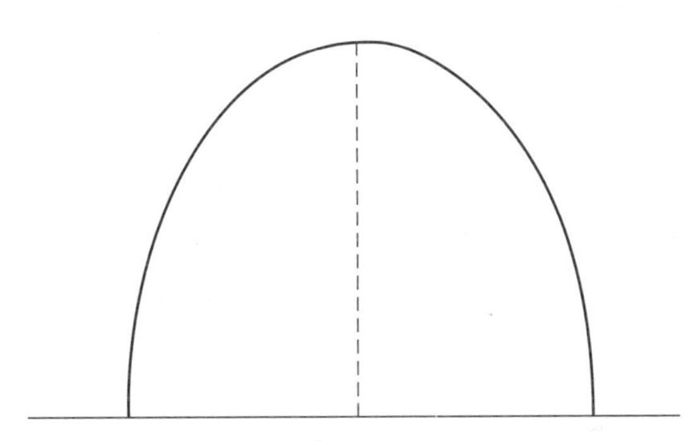

图3-4　一时性流行示意图

图3-5　20世纪60年代曾一度风行的“金属时装”热潮

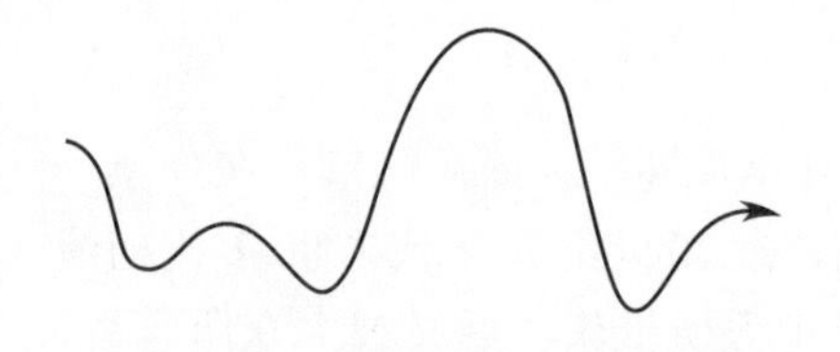

图3-6 反复性流行示意图

图3-7 麦当娜的紧身胸衣演出服

图3-8 Richard Chai Love推出的2013春夏季“内衣外穿”时装作品

（三）反复性流行

反复性流行可以说是时装流行的常态形式。一种流行出现，它会经历反复的高潮与回落，始终都没有消失而在不断地流行着，只是流行的程度会有所不同（图3-6）。在20世纪90年代初，法国著名的时装设计师戈蒂埃（Jean-Paul Gaultier）为当时的性感歌星麦当娜设计的紧身胸衣演出服后，导致了“内衣外穿”风潮的盛行，经历了流行高潮之后，内衣外穿仍然没有脱离人们的视野，每年的成衣时装发布会上还有其身影的出现，时不时又会形成一个新的流行高潮（图3-7、图3-8）。

（四）交替性流行

“交替性流行”比较多地出现在两种呈一定相互对应关系的时装风格间的交替转换（图3-9），总体表现为男女性别造型特征风格的转化、服装长短款式风格的转换等。以20世纪时装交替性变化为例，世纪初“爱德华时期”保持着成熟高雅的贵族妇女的形象，流行S形造型和拖地长裙；20年代则流行直线性“男童化”造型，裙长上升至膝盖；30年代又恢复了女性化和长裙的造型；第二次世界大战期间，服装呈现出军服化、制服化的直线特点，讲求实用，裙长缩短；40年代末和50年代，“新女性”时装引导着时尚的流行，X型造型和至小腿中下部的裙长为主流；60年代再次流行直线造型，“超短的迷你风貌”席卷全球；70年代，服装造型柔及裙长垂至脚踝；80年代上半期流行“雅皮士”风格和宽肩直线造型的男装风貌，后期至90年代恢复了女性化的造型，“洛可可”风貌占有重要的地位；之后又是60年代、70年代、古典风格的回归（图3-10）。总之，流行趋势仍呈现出男女性别造型特征、长短风貌的交替转化，只是交替的周期呈现出不断缩短的趋势。交替性流行规律对于认识和把握流行趋势有相当的参考价值。

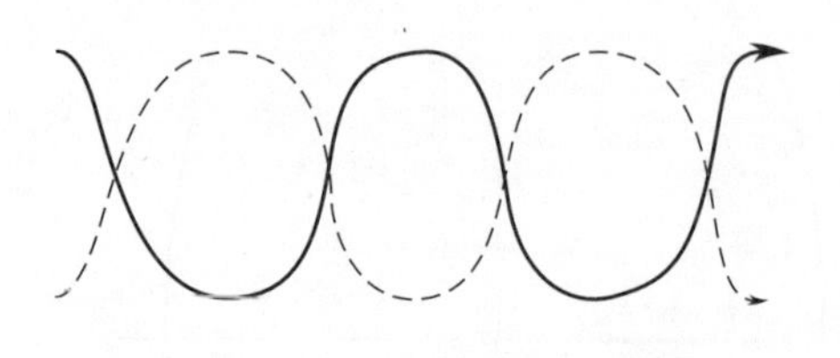

图3-9 交替性流行示意图

(a) 20年代　(b) 30年代　(c) 40年代　(d) 50年代　(e) 60年代　(f) 70年代

图3-10　20世纪20年代至70年代时装长度及女性化与男性化风貌的交替流行

三、服装流行的基本特征

服装流行的基本特征表现为时新性、时间性、周期性、消费性、引导性和选择性。

1.时新性

时髦与新颖是服装流行最为根本的特征，它对应于人们“喜新厌旧”的本能性心理，发挥着对人类的魔力。当流行到一定程度，逐渐失去时新的特征时，其魔力也就随之消失。

2.时间性

流行往往表现为在一定时间之内的概念，超出流行的时间范围，则被称之为过时，即丧失其魔力和价值，要被新的流行所取代。

3.周期性

服装流行从形成到消失必然会经过一段时间，但在消失之后的若干时期，又会周而复始地出现，呈现出一定的周期性发展规律。前文中提到的反复性和交替性流行类型就是这种周期性的表现方式。

4.消费性

讲究流行，实际上是对财富享受和消费的促进。对于生产商来说，通过服装的流行来吸引和引导消费者；对于消费者来说，是作用于求新求美等的消费心理，继而可能形成消费行为的一种带有方向性的诱惑力。

5.引导性

服装流行消费性的体现从一定程度上基于其引导性的特征，它带给消费者的是如何适时装扮的信息与自信。当然，对于不同类型的群体，服装流行趋势的引导性所发挥的作用是不一样的。

6.选择性

服装流行虽具有诱惑力和引导性，但不具有强制力，可由人们自由选择。

四、服装演变的基本规律

服装演变的基本规律主要有顺应环境、优势支配、模仿流动、自下而上、渐变习惯、逆行变化、异质借鉴、形式升级与形式下降、国际同化、约定俗成、系列分化和基础复归等，对于研究和把握服装流行趋势有着重要的参考依据。

（一）顺应环境的规律

(a)“新外观”时装

(b) 1947年反对迪奥“新外观”服装的标语

图3-11 迪奥的“新外观”及当时的反应

服装的演变总体上来讲都是顺应环境的结果，有自然环境、社会环境、心理环境和个性环境之分。有些演变可能来得突然，变化幅度大，超出了当时环境所允许的范围，但它却是环境变化前奏阶段孕育出来的超前形式，虽然昙花一现，或只是在小范围内存在，然而一旦时机成熟，环境允许，马上就会成为流行风潮。“新外观（New Look）”服装从一开始受到抵制到之后的风行就是一个典型案例。“新外观”服装是法国服装设计师迪奥（Dior）在第二次世界大战结束之际（1947年）推出来的，具有十分女性化的特点：溜肩、丰乳、细腰、宽臀，下装长至小腿中部，多褶展宽裙或紧身裙，与第二次世界大战期间的直线形服装形成鲜明的对比[图3-11（a）]。战后物资严重短缺，广大人民的生活处于贫困潦倒的状态。此时推出“新外观”服装，会遭到广大劳动妇女的抵制，甚至上街游行，发泄她们的不满[图3-11（b）]。但追求安定美好生活，追求时尚美观的装扮仍是隐藏在广大妇女内心深处的愿望，因此，在经济形式稍有好转后，很快，“新外观”服装受到了广大妇女空前的青睐。

（二）优势支配的规律

在世界服装发展的漫长历史中，逐渐形成了具有权威性的国际时装中心，它们以强大的优势能量引导着世界时装潮流，影响着服装发展的进程。每年2次在这些时装中心举办的时装发布展会，都有来自世界各地众多的设计师、时尚买手、服装生产商、销售商、时尚媒体等聚集在此，获取国际流行前沿信息。著名时装品牌的影响力使“优势支配规律”在此过程中显而易见。此外，优势支配规律还体现为上流社会主流群体、主流文化、权威人物等所拥有的对时尚流行的控制性和影响力。这使得流行的走向呈现出自上而下的流动轨迹。图3-12为Christian Dior2013秋冬系列女装广告大片《神秘花园2》，它是以名画《草地上的午餐》为灵感创作的。该系列整体风格贴近自然，追求神秘、清新的意境，采用带有朦胧感的粉彩系列色彩，款式简洁高雅，推崇慢节奏的生活品质，引导了近年的“慢时尚”风潮的流行。

（三）模仿流行的规律

优势支配带来的就是模仿流行。时装的生命周期反映出了这个模仿流行的过程：初始阶段由少数权威人士（时代的弄潮儿）发起的时尚潮流，通过时尚媒体、时尚展会和公众场合等各种渠道的传播，逐渐被大众所接受，进而转化为自觉的模仿，使时装流行达到高潮，随后回落，淡出，转而开始新的时尚引领和新的模仿流行。公众人物的装扮很容易引起大众的模仿、跟风，哪怕是其中一个元素也容易模仿，而很快会转化为成衣，成为流行（图3-13、图3-14）。

图3-12　迪奥2013秋冬系列女装广告大片《神秘花园2》——《草地上的午餐》

图3-13　着折叠立体效果艺术时装的LADYGAGA

图3-14　折叠立体效果时装的成衣化演变

（四）自下而上的规律

图3-15 法国大革命将象征劳动者的“长裤”登上了服装历史的舞台

自下而上与优势支配正好形成对比，虽然从服装发展的历史来看，服饰流行总体上都是由上流社会引导，鲜有由下向上流转的。但人类社会发展到今日，情形已发生了翻天覆地的变化。1789年法国大革命，贵族服饰一统天下的局面受到严峻的挑战，象征着劳动阶层的“长裤”却登上了世界服装的历史舞台，此后，一发不可收拾（图3-15）。20世纪50年代“街头时尚”首先在英国兴起，接着是“嬉皮士”“朋克”“摇滚”等（图3-16、图3-17）。大众文化（也称“草根文化”）的兴起并逐渐发展为波澜壮阔的潮流，大有转变为主流文化的之势。而今，时尚流行趋势受大众文化影响的状况愈发明显，时装设计师的许多灵感都来自街头时尚。更重要的是，有更广泛的消费者加入到创造时尚流行的行列，“街拍服饰”受到热宠，网络传播推波助澜（图3-18）。毫无疑问，“自下而上”的规律在今天影响着时尚流行的发展方面。

图3-16 20世纪50年代在英国伦敦街头出现的“特迪”男孩（Teddy boy）形象

图3-17 20世纪70年代流行的“朋克”装扮

图3-18 现代“街拍”

图3-19 20世纪20年代流行的“小野禽风貌”开创了新的女性形象

（五）渐变习惯的规律

渐变习惯的规律可以反映出两种不同的服饰流行现象。

其一表现为，新的流行基于先前的服饰逐渐变化，使人们在渐变中慢慢习惯，以比较平缓的方式实现服饰的新旧交替。20世纪20年代流行的“小野禽风貌”，女子裙长上升至膝盖，这可是前所未有的高度！但由于有前期“波瓦利特时期”服饰理想形象向年轻化的转变作为基础，而且裙长是逐步提升的，故在不经意间极大地改变了传统女性的形象（图3-19）。

其二表现为，由先锋派时装设计师推出的具有颠覆传统习俗特点的超前时尚，最初受到绝大多数人的排斥甚至是反感，难以被接受，却潜在地反映了新时代的精神，反映出新一代人的内心倾向，所以，经过一段时间少数反叛青年的跟随，逐渐扩大影响，改变人们的观念和习惯，使之成为流行。以“骷髅服饰”的流行为例，具有时装界“坏孩子”之称的英国时装设计师亚历山大·马可奎恩（Alexander MacQueen），在若干年前别出心裁地推出了骷髅图案及造型系列的服饰设计作品，可谓是惊世骇俗，挑战了传统服饰观念，因而引起了很大的争议。而经过5年左右时间的缓冲，原本在人们心中死亡、恐惧、丑陋的象征物竟然不可思议地变成了时尚美的标志，成为青年群体热捧的对象，在全球范围内流行（图3-20）。

(a) 骷髅围巾

(b) 上海地铁身着骷髅服饰的乘客

图3-20 马可奎恩的骷髅围巾

图3-21 内外装异质材质借鉴融合的时装作品

图3-22 中西方异族服饰元素借鉴融合的时装作品

图3-23 男女装异质风格借鉴融合的时装作品

（六）逆行变化的规律

逆行变化的规律是指当一个流行达到高潮时，下一个流行就会朝着与现行相反的方向形成。这个规律在男女装性别风格转换、服装长短转换等流行现象中清晰可见，对于我们把握、预测服饰流行有很好的参考价值。前面讲到的服装交替性流行的类型，实际上就涉及服装流行逆行变化规律的问题，此处不再表述。

（七）异质借鉴变化的规律

服装经长期的发展演变，在许多方面约定俗成为穿戴的规矩或传统，内衣与外衣、男装与女装、家居服与社交服等都有相对明确的划分和界定。然而，时尚的本质是追求新颖的，不破不立，所以“异质借鉴”、挑战传统就成了创造流行的基本路径和方法。现代服装设计盛行的“解构主义”创新方法就是如此，将既定的服装解构后异质借鉴，重新组合创造出来的时尚流行丰富多彩。在服饰领域，异质借鉴更多地体现在“内外服饰借鉴”“性别风格借鉴”“异族文化借鉴”等方面（图3-21 ～图3-23）。

（八）形式升级与形式下降的规律

时尚在流行周期内并不是一成不变的，往往会呈现出“形式升级”和“形式下降”的现象。如何来理解这两种现象？以“低腰裤”的发展为例，低腰裤的流行已有十多年的历史，源头还是归结为有着英国时尚“鬼才”之称的马克奎恩。他在1995年推出了“高原强暴”系列时装，其中的“包屁者”（bumsters）裤子，以低腰露臀的颠覆性设计进入了人们的视野，起初难以被人们所接受（图3-24）。

从概念性设计转化为被接受的时装，这其中就存在一个“形式下降”规律的问题，尤其是像“包屁者”低腰裤这样的超前卫设计更是如此。接下来就是概念性设计成为大众时尚后的“形式升级”规律阶段。图3-25是低腰裤形式升级过程中呈现出的三种形式：从流行特征强但不出格的形式上升至十分夸张的形式（已不亚于概念性设计），继续上升至极端，甚至于是不可思议的程度。近年来流行的“露乳装”风潮也具有同样的形式下降与升级的过程。这两种规律对流行预测具有重要的参考价值。

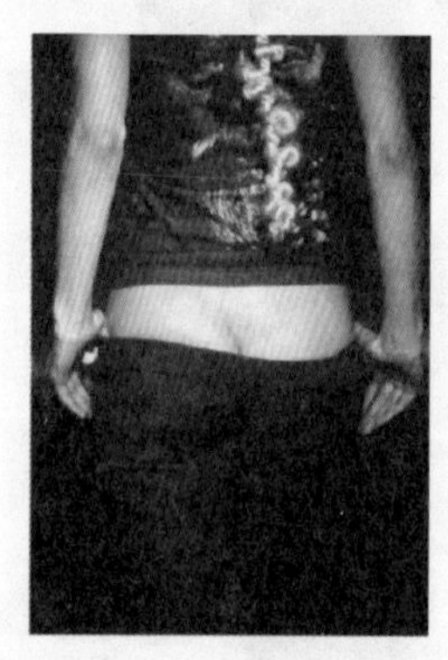

图3-24 “包屁者”低腰裤

(a)

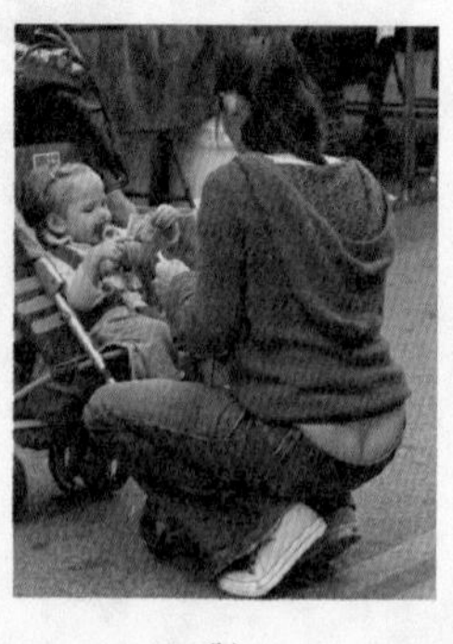

(b)

(c)

图3-25 低腰裤被大众接受成为时装后升级过程中呈现出的三种形式

（九）国际同化的规律

时装发展的历史充分证明了时尚潮流国际同化的规律。早在17世纪，法国就已成为世

图3-26　2013秋冬KENZO推出的眼睛系列时装立即在世界范围内流行

图3-27　20世纪30年代风靡的露背晚礼服

界时装中心，发生于凡尔赛宫的宫廷时尚，通过“时装娃娃”“时装画”“时装杂志”等传播形式，辐射到欧洲各国。虽然各国之间的服装有所差异，但总体趋势造型是一致的，国际同化的现象十分明显。接下来英国成为另一个世界时装中心，引领了世界男装的发展。前面提到的“优势支配的规律”在国际同化方面也起到了重要的作用。随着时代的发展、社会的进步和科学技术水平的提高，尤其是进入了信息化时代，全球经济一体化的趋势愈演愈烈，“地球村”的概念随之产生，互联网的发达极大地促进了时尚潮流的传播。此外，时装设计师与消费者之间对流行与审美间的差异缩小了许多。所有这些，一方面加快了国际同化的速度，另一方面也加大了同化的幅度，同时极大地缩短了时尚流行的周期，使时装领域的国际同化规律比以往任何时候都要突出（图3-26）。但时尚的本质是新颖、时髦，因此，高度的国际同化，带来的是对原创性、个性化和多样化时尚风貌的强烈需求。

（十）约定俗成的规律

时装流行的发展伴随着不断的积淀和遗存，那些符合时代审美特征、价值取向和具有很好实用功能，赢得人们认可的时尚被约定俗成为各种风格和时代的标志保留下来。如欧洲历史沿革积淀下来的“希腊风格”“哥特风格”“文艺复兴风格”“巴洛克风格”“洛可可风格”“帝政风格”“浪漫主义风格”及“维多利亚风格”等。进入20世纪以来，又有了不同时期所积淀下来的新风格，如30年代大面积露背的晚礼服成为了西方新的传统；“迷你裙”“比基尼”成为了现代时装的经典，“牛仔裤”“T恤衫”在新时代的流行中被约定俗成为不受流行趋势左右、大众普遍青睐的服装。约定俗成的规律使时尚流行拥有了不断丰富的可以借鉴、创新的宝库。以西方的“露背装”为例，它在上个世纪成为流行，并凝练为经典款式，广为应用至今（图3-27、图3-28）。

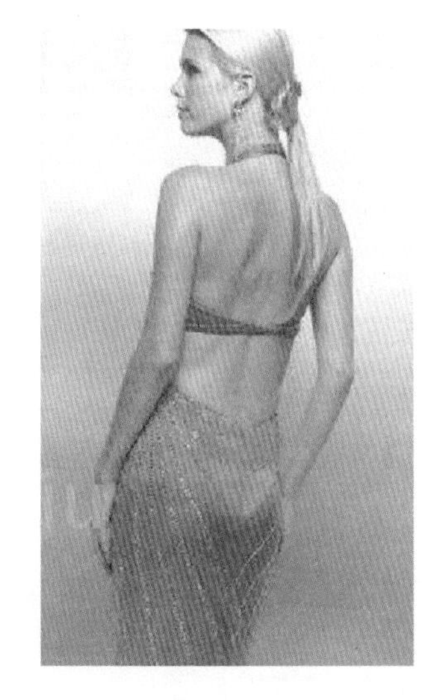

图3-28　露背晚装已在约定俗成中作为礼服的经典形式而沿用至今

（十一）系列分化的规律

当一种时装流行袭来的时候，不同类型的人对其的反应和接受程度是不同的。

因此，这种潮流就会被设计师包括消费者在内进行多样化的演绎，从而形成流行趋势系列分化的现象与规律。前些年盛行过一阵儿“洛丽塔风格”。所谓“洛丽塔”，西方人指的是那些穿着超短裙、化着成熟妆容但又留着少女刘海的女生，简单来说就是“少女强穿女郎装”的情况。但是当“洛丽塔”流传到了日本，日本人就将其当成天真、可爱少女的代名词，统一将14岁以下的女孩称为“洛丽塔代”，而且变成“女郎强穿少女装”的情况。不仅如此，洛丽塔服饰风格还被衍生为多种样式，最终被划分为三大族群，即甜蜜可爱型（Sweet Love Lolita）、优雅哥特型（Elegant Gothic Lolita）和经典型（Classic Lolita），每一族群都有着自己独特的个性化面貌，但总体装饰造型主要是以及膝的蕾丝裙以及过膝的蕾丝袜和鞋搭在一起的风格（图3-29）。从“洛丽塔”现象中可见时尚流行系列分化的现象，而这种规律可以帮助我们掌握时尚流行的脉络与变化。

(a) 经典型

(b) 甜蜜可爱型

(c) 优雅哥特型

图3-29 洛丽塔服饰的三种风格

图3-30 19世纪新古典主义时期“帝政风格”服饰

（十二）基础复归的规律

“基础复归”这个规律是对流行形态的概括与总结，一方面揭示出了流行的循环往复性；另一方面强调了各种流行经约定俗成后凝练出的基础型、经典款的重要性和生命力。以19世纪新古典主义时期形成的“帝政风格”女装为例，此风格的特点在于H形造型、高腰节、长裙、面料轻薄悬垂、色彩单纯，具有自然飘逸、女性化的风貌。作为欧洲服装的经典在随后2个世纪的时间里多次复归流行。而在每次循环往复的过程中都会演绎出各种新的形态，每次当帝政风格再次流行时，还是会以经典风格为基础，创新时代风貌（图3-30～图3-32）。

图3-31　20世纪初“帝政风格”服饰的复归

(a) 迪奥高级定制品牌对“帝政风格”的演绎

(b) H&M成衣品牌推出的帝政线超长连衣裙

图3-32　2011年，帝政式高腰主打流行

第二节 影响服装变化与流行的因素

影响服装变化与流行的因素数不胜数，但归结起来不外乎外部因素和内部因素两大类，还有一类兼具两者性质，将其归为其他因素（表3-1）。它们又分别以不同的内容和形式对服饰流行发挥着各自的影响和作用，而作用力的施展往往是相互渗透的，这包括每一大类间各种因素的相互作用，还包括跨大类间各种因素的相互作用。因此，影响服装变化与流行的因素具有多样性和复杂性的特征。

表3-1　影响服装变化与流行的因素

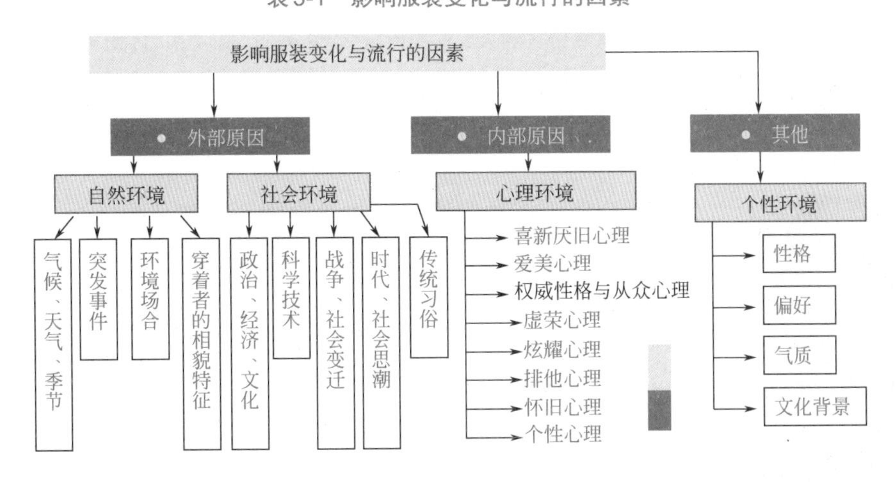

一、影响服装变化与流行的外部因素

影响服装变化与流行的外部因素按其属性可划分为自然环境和社会环境两个方面。

（一）自然环境的因素

自然环境对服装变化的影响显而易见，它相对稳定的状态造成了与不同地域环境相应的不同风貌的服装形式。自然环境的变化，导致了服装的更替与变迁。

1.气候、天气和季节

遮寒护体是服装的重要功能，它与气候、天气和季节有密切的联系。一方面，气候环境决定着服装的个性风貌，如处于寒带地区的爱斯基摩人与处于热带地区的非洲人，其着装方式完全不同（图3-33）；另一方面，天气与季节处于更迭交替和不断变化的状态，尤其是季节特征明显，天气温差大的区域，客观上就要求着装的变化，因此季节变化的周期就成了时装变化的规律性节点和依据。

2.突发事件

类似与气候环境变化那样，突发事件也是人类所不能控制的，它常常会打破现有的生活秩序，导致服装上的变化。如2003年爆发的“非典”，导致了口罩、兜帽、连身裤及松紧带等款式细节的流行。又如“9 · 11事件”，使十字架装饰、白色花结、破损孔洞肌理效果的面料及黑白色成为随即的流行（图3-34）。

(a)

(b)

图3-33 寒带爱斯基摩人与热带非洲人截然不同的着装方式

图3-34 以“9 · 11事件”为灵感而设计的时装

3.环境场合

图3-35 适合多种环境场合穿着的职业休闲衬衫

环境场合对服装的制约非常大。尤其是在当今的信息时代，现代交通工具的发达，“移动”成为人们重要的工作与生活方式，它带来了环境场合变更的概率。这对于服装的变化产生着较大的影响。一方面要求服装随环境场合变化而调整，另一方面则体现为功能服装，适合多种场合穿着服装成为流行（图3-35）。

4.穿着者的相貌特征

穿着者相貌似乎对服装的流行变化产生不了多大影响，但仍旧是一个不可小觑的外在因素，它对时尚流行会起到一定的修正作用。例如，紫色的流行就不适于作为深暗皮肤者的主体着装色彩，而需要转化为辅助配色使用。在西方流行的沙滩日光浴，就不太适合中国人的黄皮肤，那种完全没有跟的凉鞋也不适合中国人相对矮小的身材，因此它们在中国的流行就受到天然相貌的影响而弱化了许多。

（二）社会环境的因素

社会环境包罗万象，政治、经济、文化、科技、战争与社会的变迁、时代与社会思潮以及传统习俗等对服饰流行变化起到最关键和直接的影响。

1.政治

政治对服饰风格的影响很大，如18世纪末法国大革命终结了君主统治下的贵族化的“洛可可”服饰风格，取消了向两侧扩展的庞大的裙撑，代之而起的是希腊式自然的直筒式高腰节造型的服装，形成了新古典主义服饰风格（图3-36、图3-37）。与此同时，长期以来在贵族中流行的齐膝短裤，被抛弃，而劳动阶层穿着的长裤登上了服装的历史舞台。明末清初，清朝政府以“留头不留发，留发不留头”的形式强迫推行满清服饰。从这样的现象中可以看出政治对时尚的影响是直接、巨大的。

图3-36　18世纪法国流行的“洛可可”式样的服装

图3-37　法国大革命后流行的“新古典主义”风格的服装

2.经济

经济基础是时尚流行的前提，很难想象一个连温饱都没法解决的地方能够对时尚潮流产生共鸣。经济对服装流行的影响存在着正反两个方面。经济状况好，人们过着富裕的生活，就会推动服装流行的发展；反之，经济危机时，人们的生活水准下降，就会制约服装流行的发展。如第二次世界大战期间，残酷的战争摧毁了时装赖以发展的经济基础，法国失去了往日世界时装中心的风采和地位，一些著名的时装设计师、摄影师、时装模特儿纷纷离开巴黎而在美国的纽约聚集，使美国成为了当时世界的时尚中心。不仅如此，经济与时尚存在着这样的流行规律，即经济危机下的服装往往呈现出长型款式的流行；而经济富足的时期，则会流行短款的服装造型。如20世纪60年代，西方经济繁荣富足，科技得到突飞猛进的发展，此时流行的是“迷你裙”；而70年代，西方经济出现危机及石油危机，随之而起的是下垂的长裙。

图3-38　大众文化兴起背景下的街头时尚

3. 文化

文化是一种社会现象，是人们长期创造形成的产物。同时又是一种历史现象，是社会历史的积淀物。确切地说，文化是指一个国家或民族的历史、地理、风土人情、传统习俗、生活方式、文学艺术、行为规范、思维方式及价值观念等。文化具有多种形式，比如西方的基督教文化，中国的儒家文化，主流文化，少数民族文化等，各种文化之间也相互作用和影响。时尚流行实质上就是一种文化现象，直接反映出文化的社会性、区域性和历史性等特征。从20世纪60年代以来，大众文化开始崛起，对时尚流行产生了重大的影响，时至今日仍方兴未艾，成为流行趋势研究的重要观察点（图3-38）。

4. 科学技术

科学技术带来的时尚流行直接体现在材料创新、功能改进、制衣技术提高及信息传播加速等多个方面，与此同时还带来了人们眼界的开阔与认知水平的提升。古往今来，时装的发展无不反映出科学技术发展的足迹，太空服、彩色棉、数码印花及高科技功能性时装等，举不胜举。近年来基于计算机技术的高度发展，计算机3D打印时装出现在T台秀场，彻底颠覆了自古以来形成的传统制衣方式。科学技术对时尚流行的影响显而易见（图3-39）。

5. 战争、社会的变迁

政治因素对时装流行的影响中已涉及战争与社会变迁的因素。这些因素对服装流行的影响，一方面都带有强制性改变的性质。战争环境下，迫使人们的着装变短，变得更简洁、更适合活动。战争的结果带来的政权交替和社会变迁，必然会带来服饰面貌的大改观。另一方面，战争还会从侧面带来不同服饰文化的交融，促进军事化服装的功能性向大众化转变等。海湾战争曾经一度引起了阿拉伯服饰风格的流行；堑壕风衣、文艺复兴时期的衩口装饰、西装上的袖叉纽、中山装等都源于战争和社会的变迁；军装风格也成为反复流行的时尚（图3-40、图3-41）。

图3-39　Iris Van Herpen高级定制的3D打印时装

图3-40　Castelbajac设计的来自“海湾战争”灵感的2003高级成衣

图3-41　军服化风格成为近年来反复流行的主题

6.时代与社会思潮

时代与社会思潮处于不断变化的状态，它们直接作用于人们的审美观、价值观和生活方式。高级成衣和“反时尚”（Anti-fashion）潮流的出现，牛仔裤、T恤衫、休闲服登上大雅之堂，比基尼的流行，内衣外穿已成为时尚等现象，所有这些时尚的变化无不与时代的变化、社会思潮的变化密切相关（图3-42、图3-43）。当今信息时代，改变了传统的信息传播方式、购物方式、生活方式和制衣方式，从而深刻地影响着人们的着装观念，形成了新时代崭新的服装面貌（图3-44）。

图3-42　20世纪初西方女性穿着的沙滩泳装

图3-43　穿着比基尼沙滩泳装的女性

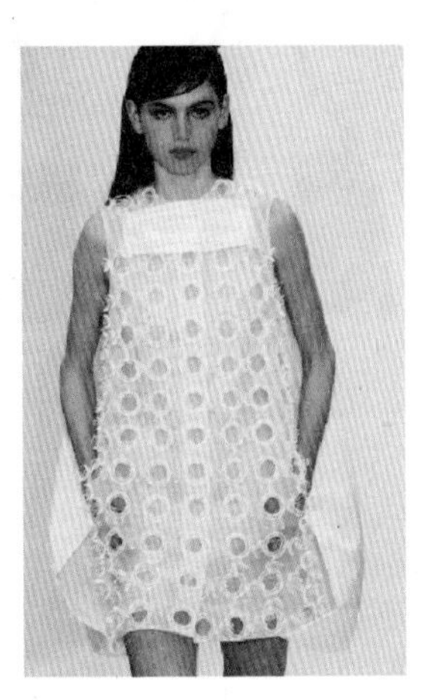

图3-44　反映当代数码科技风貌的时装

7.传统习俗

传统习俗对服装流行的影响既有积极的一面，也有消极的一面。积极的一面是指它往往会作为时装设计师创造新流行的灵感，包括民族传统的服饰风格、制衣方式和穿着习性等；消极的一面是指传统习俗对服装流行有一定的抵制性或制约性，由此会从一定程度上改变流行趋势原始的状态，而使其演变成适合区域性的、有着时尚流行意味的个性面貌。正如有人说中国餐馆遍布于全世界，而从未见过哪个中国菜会与其他中国菜拥有相同的口味。正因为如此，传统习俗与风味也成为了品牌关注及赢得消费者的关键地方。图3-45是Dior品牌在2007年推出的同造型、不同国家风味版本的时装包Saddle Bag，既能够满足当时“民族风”流行趋势下人们的时尚追求，也能够将时尚与不同民族传统习俗风格相融合，迎合不同消费者的喜好。

二、影响服装变化与流行的内部因素

服饰的穿着对象是人，那么人的内在心理因素对服装流行所起的作用不言而喻。人的心理因素很多，而与服饰流行密切相关的有“喜新厌旧心理”“爱美心理”“权威性格与从众心理”“虚荣心理”“炫耀心理”“排他心理”等心理因素。其中权威性格与从众心理会促进服装流行达到规模化高潮；其他心理则是引起服装流行的基础。我们将这类内部因素归结为心理环境。

(a) 阿根廷版　(b) 埃及版　(c) 俄罗斯版　(d) 法国版　(e) 摩洛哥版　(f) 墨西哥版
(g) 日本版　(h) 西班牙版　(i) 中国版　(j) 美国版　(k) 印度版　(l) 英国版

图3-45　Dior品牌2007年推出的不同版本的Saddle Bag时装包

（一）喜新厌旧心理

喜新厌旧的心理反映的是人类的本能性心理特征，它是时装流行的内驱力，服装流行从本质上看，就是人类喜新厌旧本能的体现。时装创意产业的旺盛生命力，从很大程度上是基于人类的喜新厌旧心理，尤其是在年轻群体中，这种心理表现得更为突出。所以才有同样服饰时兴与过时价格天壤之别的现象，跟风换手机、换ipad的消费行为也同样如此。

（二）爱美心理

爱美之心人皆有之，天生俱来，与喜新厌旧心理一样是时装流行产生和发展的巨大内驱力。从为了追求美而不惜伤害身体的紧身胸衣、裹小脚、穿鼻割肤等极端现象中可以清楚看到这种心理。美具有符合人类基本审美心理特征的类型，如令人赏心悦目的“黄金分割”之美，“自然之美”“健康之美”等；也有历史积淀形成的经典美，如欧洲古希腊的经典美；十七、十八世纪盛行的“巴洛克”“洛可可”艺术风格的美；中国传统的“大家闺秀”和“小家碧玉”之美等；同时存在着地域文化、个性间的审美差异；还存在着时尚美，也就是说，人的审美观随着时代的发展在不断变化，影响着时尚的流行。不仅如此，以上提及的各种美都会在时尚流行中反复出现而作用于人的爱美心理。

（三）权威性格与从众心理

人类具有“权威性格”，对著名的成功人士、权威人物有一种崇拜和模仿心理。当然人与人之间在权威性格的程度上有着很大的差别。服装流行的轨迹实际上说明了权威性格的特点及差异。时尚潮流的始作俑者往往是那些少数权威人士、名人明星等，而后则是越来越多的人跟风加入到时尚流行的行列，使流行达到高潮。在这种权威性格下表现出来的则是“从众心理”。

（四）虚荣心理

虚荣心理虽不是一个褒义词，但对于时装流行却是一件好事，它从一定程度上激发或“怂恿”了人们去追求高于自己生活水平和消费水平的行为。莫泊桑撰写的小说《项链》中就对人的虚荣心理给予了辛辣的讽刺。但虚荣心促进了服装流行的发展，促进了流行消费却是事实。许多服装生产商、经营商正是利用人们的虚荣心理，利用名牌这个金字招牌来吸引消费者，获取高额的附加价值。

（五）炫耀心理

通过炫耀的方式希望被人们所关注，得到夸赞，成为被羡慕的对象，从而树立自己良好的形象，也从一定程度上满足了潜在的虚荣心的需要。炫耀心理是推动时尚流行的重要心理因素，这不仅体现在此种心理能激发人们走在时尚流行前列的欲望，消费名牌产品的欲望，而且也在炫耀的不经意间促进了时尚流行信息的传播，使更多的人了解并加入时尚行列。

（六）排他心理

排他心理有两种不同的表现方式，其一是“炫耀式的排他”，表现为“你精彩，我比你更精彩”，在炫耀的攀比中实现了对时尚流行所起到的积极推进作用；其二是“嫉妒式的排他”，表现为“我达不到，也不让别人达到”，这种心理对时尚流行往往起到消极的负面作用。

（七）怀旧心理

怀旧心理对时尚流行起着十分重要的作用，它直接导致流行趋势呈现出循环反复的轨迹。例如古希腊服饰在文艺复兴早期、19世纪帝政时期、20世纪初以及之后逐渐缩短周期的反复流行，这实际上从很大程度基于人类的怀旧心理。尤其是在现代大工业生产模式，高速度、快节奏、强压力的生存状态下，人们的怀旧心理表现得尤为强烈，因此它也就成为流行趋势专家和时装设计师颇为关注、研究、挖掘的对象。于是在近10年的时装流行趋势中，轮流上演了“维多利亚风格”“洛可可风格”“新艺术风格”“装饰艺术风格”“希腊风格”“拜占庭风格”以及20世纪各个时期的风格元素，怀旧之风尤盛。

三、影响服装变化与流行的其他因素

其他因素兼具外部和内部因素两种性质，它们彼此之间是相互关联和作用的。它所反映的是人的“个性环境”。它们对时尚流行的影响作用比较类似，都表现为以个性化的面貌接受或抵制或创新服饰流行。

人的个性环境包含性格、偏好、气质和文化背景四个主要内容。同时从不同范围或层面来观察个性环境，其个性的概念是不同的。例如，高级定制时装所针对的是具体的消费者；而成衣品牌所针对的是品牌定位下的个性化消费群体。相对来说同一个消费群体的成员，他们有着类似的性格、偏好、气质与文化背景，表现出区别于其他消费群体的个性化差异。

第三节 流行趋势的预测与传播体系

一、世界时装中心

世界时装中心指的是国际时装潮流的策源地、传播地，拥有引导时尚潮流权威性的地方。目前，世界上公认的有五大时装中心，也称之为“五大时装之都”，分布在法国的巴黎、英国的伦敦、意大利的米兰、美国的纽约和日本的东京，每个时装中心各具自己的特色，都拥有著名的流行趋势预测研究机构，拥有一批著名的引导世界时装潮流的时装设计师及品牌。

（一）法国巴黎

法国巴黎是全球时尚的发源地，是世界高级女装中心，它的世界时装中心地位从17世纪下半期就已确立，以其奢华、优雅、高品位及艺术化、浪漫前卫的时尚风格享誉全球。代表性时装设计师及品牌有可可·夏内尔（CoCo Chanel）、克里斯蒂安·迪奥（Christian Dior）、伊夫·圣洛朗（Yves Saint Laurent）、卡尔·拉格费尔德（Karl Lagerfeld）、让·保罗·戈蒂埃（Jean Paul Gaultier）、纪梵希（Givenchy）、爱马仕（Hermes）、路易·威登（Louis Vuitton）等。

（二）英国伦敦

英国伦敦从19世纪中后期就成为世界男装中心，它以成熟古典和年轻前卫的双重形象确立了它在世界时装舞台上举足轻重的地位。代表性时装设计师及品牌有博柏利（Burberry）、保罗·史密斯（Paul Smith）、登喜路（Dunhill）、薇薇恩·韦斯特伍德（Vivienne Westwood）、亚历山大·马克奎恩（Alexander McQueen）、约翰·加里阿诺（John Galliano）等。

（三）意大利米兰

意大利米兰是世界高级成衣中心，它以古典而现代的风格，高雅大方、简洁利落的特点，将高级时装成衣化，并以服饰的高品质对世界时装的发展起着至关重要的作用。代表性时装设计师及品牌有杰弗兰科·费雷（Gianfranco Ferré）、瓦伦蒂诺（Valentino）、乔治·阿玛尼（Giorgio Amani）、范思哲（Gianni Versace）、道尔斯与嘎班纳（Dolce & Gabbana）、米索尼（Missoni）、古奇（Gucci）、麦克斯马拉（MaxMara）、普拉达（Prada）、芬迪（Fendi）等。

（四）美国纽约

美国纽约是成衣新纪元的开拓者，在第二次世界大战期间成为世界时装中心，它以讲求时装大众化、功能化和多元化的特点，休闲的服饰风格引领着世界成衣发展的潮流。代表性设计师品牌有卡尔万·克莱因（Calvin Klein）、比尔·布拉斯（Bill Blass）、唐娜·卡伦（Donna Karan）、拉夫·劳伦（Ralph Lauren）、奥斯卡·德拉伦塔（Oscar de la Renta）、李维斯（Levis）、安娜苏（Anna Sui）等。

（五）日本东京

日本东京是20世纪70年代新崛起的时装中心，它以全新的“Anti-fashion”概念缔造了崭新的东方时尚，追求面料带来的意蕴之美及“解构”带来的服饰创新，为全球所瞩目。著名服装设计师及品牌有三宅一生（Issey Miyake）、山本耀司（Yohji Yamamoto）、川久保玲（Rei Rawakubo）、高田贤三（Kenzo）、UNDERCOVER（日本服装设计师高桥盾创立）、菱沼良树（Yoshiki Hishinuma）等。

二、流行趋势运行规律

流行趋势分为流行色、纤维、面料和服装四大块内容，依据时装从孕育到推向市场时间的先后次序提前预测发布，其遵循一定的规律运行。

（一）国际纺织品服装流行趋势研究和发布的运作时间

（1）流行色发布机构提前18～21个月发布流行色信息。

（2）纤维供应商提前12～16个月发布纤维流行信息。

（3）面料生产企业提前12个月发布面料流行信息。

（4）成衣制造企业提前6个月发布服装流行趋势信息。

（二）国际纺织品服装流行趋势发布时间

（1）每年分别于1月、2月和7月、8月在法国巴黎高级定制时装周举办春夏季和秋冬季高级女装发布会。

（2）每年分别于3月、4月和9月、10月在巴黎、米兰、伦敦、纽约、东京时装周举办下一年春夏季和秋冬季纺织品流行信息发布会及展示会，同时举办下一季秋冬和春夏高级成衣发布会。

（三）展示、订货、销售、流行

服装新闻记者、各宣传媒体、时尚杂志编辑、明星、成衣设计师及经销商等是各大时装周的主要参加者，他们以不同的角度从流行趋势发布会所提供的丰富信息中进行选择，关注那些重要的风格、造型、色彩、面料及细节。来自新闻媒体的参加者主要是对流行信息的报道与宣传；明星们为时尚流行推波助澜；而成衣设计师则要将获得的信息、灵感进行提炼和概括，转化为普通成衣设计产品；对于经销商来说重要的是了解行情，把握流行信息，为市场营销做好准备。紧接在时装周之后，就会有各级成衣博览会、展示会、各大众品牌订货会等，通过以上各种途径将流行服饰推向市场，实现最终的流行。

三、时尚传媒

时尚媒体包括报纸、杂志、电视及网络四大类。所涉及的是人类时尚生活的方方面面，主要类别有服装、财经、明星、母婴、时尚、影视、音乐、健康、娱乐、餐饮、动漫、商业、文化、新闻、旅游、情感、人物及运动等。传统的时尚传媒主要是时装杂志、广播影视和时装展示等。而今，网络传媒和数字媒体则发挥出巨大的优势，成为时尚传媒的主体，使时尚信息的传播速度极大地加快，传播的范围极大地扩展。

四、国际流行趋势研究预测机构

（一）法国

（1）法国PROMOSTY时尚咨询公司。
（2）法国男装协调委员会。
（3）法国女装协调委员会。
（4）国际流行色委员会。

（二）意大利

（1）意大利服装工业协会。
（2）ELEMENTI MODA。

（三）英国

（1）WGSN。
（2）国际羊毛局（INTERNATIONAL WOOL SECRETARIAT）。
（3）NIGEL FRENCH。

（四）美国

（1）美国棉花公司（COTTON INCORPORTED）。
（2）FASHION SNOOPS。
（3）美国色彩协会（The Color Association of the United States）。

（五）日本

日本钟纺时装研究所（Kanebo Fashion Research LTD）。

（六）中国

（1）中国流行色协会（China Fashion Color Association）。
（2）中国纺织信息中心（China Textile Information Center）。

五、纺织服装展会

（一）法国

（1）法国国际纺织服装展览会（FATEX）。
（2）巴黎面料展（Texworld）。
（3）巴黎成衣展（Prèt a porter Paris）。
（4）第一视觉面料展（PremièreVision）。

（5）巴黎时装周（Paris Fashion Week）。

（二）意大利

（1）米兰纺织服装展（Intertex Milano）。
（2）米兰国际成衣展（Ready to Show）。
（3）米兰时装周（Milan Fashion Week）。

（三）美国

（1）拉斯维加斯国际服装服饰及面料博览会（MAGIC）。
（2）纽约国际服装面料及辅料博览会（Texworld USA）。
（3）纽约时装周（New York Fashion Week）。

（四）英国

（1）伦敦服装服饰展览会（PURE）。
（2）伦敦时装周（London Fashion Week）。

（五）日本

（1）东京纺织服装展（CFF）。
（2）东京时装周（Tokyo Fashion Week）。

（六）德国

法兰克福国际家用及室内纺织品展览会（Heimtextil）。

（七）中国

（1）北京中国国际服装服饰博览会（CHIC，2015移师至上海）。
（2）上海国际时尚面料展（Premium Fabric）。
（3）香港时装周。
（4）北京时装周。
（5）上海时装周。

第四节　流行趋势的调查、分析与预测

对流行趋势的预测不仅仅表现为对T台时装发布信息的关注以及选择出可能性的流行，而是一个过程，包括色彩和款式的变化，生活方式、购买方式的改变以及不同的经营方式的影响等。那些看似随机出现的流行，实际上是消费者与时装业之间、供应链各个环节之间磨合的结果。美国社会学家布卢默（Herbert Blumer）指出：“现在是消费者自己在制造流行的时代，是设计师在适应消费者的需求，现代流行是通过大众的选择实现的。虽然从表面上看，掌握流行领导权的人是创造流行式样的设计师和选择流行样式的客商，但实际

上他们也都是某一类消费者或某一消费层的代理人，只有消费者的集体选择，才能形成真正意义上的流行。”这一观点很能说明当今服装设计的特点，说明服装设计师所扮演的角色和所起的作用。了解消费者、把握消费者的心理趋向至关重要。而要做到这一点，对流行趋势进行深入的调查与分析是必不可少要做的功课。除了从市场和消费者那里调查之外，还要对各种类型的时尚信息、文化信息等进行咨询、调研。掌握了大量资料之后，还需要对它们进行梳理和分析，再将分析进行筛选、综合，最终做出对流行趋势的判断与预测。我们把这个对流行趋势从调查到分析，再到预测的三个过程称之为“流行预测的三部曲”（表3-2）。

表3-2　流行预测“三部曲”

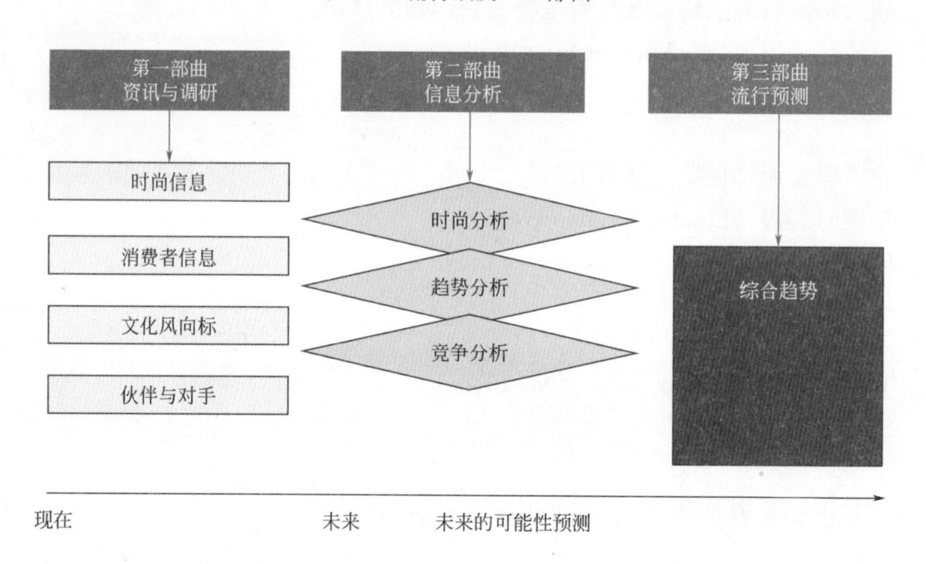

一、流行资讯与服装市场调研

流行资讯与服装市场调研包括时尚信息、消费者信息、文化风向标、合作伙伴和竞争对手的状况。

（一）时尚信息

时尚信息的来源主要通过以下几个渠道获得。

1. 权威机构发布的流行趋势信息

国内外权威流行趋势研究机构每年2次发布的流行趋势全套资料，包括图文信息和面料样本资料等。可以通过订购的方式直接获得，也可以通过浏览流行趋势研究机构的专门网站获得，但后者较之前者来说，所获得的信息比较笼统，不够深入具体。

2. 各大时装周

来自世界时装中心各大时装周著名的纺织、服装展会和T台秀场等。最理想的是能够亲临现场，直接感受并获取最新的纱线、面料、服装领域的流行资讯；也可以从专业网站上获取时装展会的信息，但与前者相比，要逊色许多。

3.时尚媒介

通过时装杂志、时尚媒体和网上信息资源等截取流行信息。10多年前，时装杂志还作为获取时装流行信息的主要渠道，而今则由于速度相对较慢、信息滞后而逐渐退去时尚前沿的地位。时尚媒体、互联网上流行信息的截取则成为主要渠道。

4.与创意领域人士的联系

与创意领域的艺术家、建筑师、室内设计师、工业设计师、美容师、模特儿及娱乐界人士建立网络联系。虽然表面上没有直接针对纺织、服装的专业性信息，但所反映出的流行趋势却与时尚保持同步，是分析研究时装流行趋势的有效途径。

（二）消费者（市场）信息

美国流行趋势研究专家将来自纱线、纺织、服装业内的信息称作第一级资讯；将来自国内外服装市场的信息称作第二级资讯；将来自公司内部的销售信息视为第三级资讯。这三级资讯基于不同的信息平台，互为补充，都非常重要。

1.行业信息

来自纱线、纺织、服装业内的信息反映出的是各自行业内产品生产及国内外产品市场的总体情况，分别由各自的行业协会收集、统计、分析、发布，给予设计师的是宏观层面流行动态的信息。

2.服装市场的信息

来自国内外服装市场能够提供真实的销售数据和消费者喜好的信息，帮助设计师对流行趋势做出判断。因此，要特别重视服装市场的调研，掌握第一手信息资料，把握鲜活的流行动向。

3.销售部门的信息

来自服装公司自身销售部门提供的可靠信息，从中不仅可以分析研究出流行的基本动向，而且可对已做出的预测进行检验，对新的流行找出参考方向的依据。针对于国内外服装市场的变化，及时调整方向、设计策划，制订出下一季的产品设计方案。

（三）文化风向标

文化风向标包括以下四个大的内容，它们是影响时装发展的重要外部因素，对时尚流行趋势的分析和预测是必不可少的参考依据。

1.人口统计数据

出生率、年龄分布、人口迁移、家庭收入、家庭中未婚人数、变动较大的经济成分、单身及未婚情侣的收入情况等，都与时装流行有着十分密切的关联，因为时装的享用对象就是人，不同人群成分的组合对时尚流行方向、流行形式和流行程度等产生直接的影响，故至关重要。最有说服力的例子就是第二次世界大战后大批“战后婴儿”的出生，直接导致了20世纪60年代现代服装的崛起（图3-46），具有划时代的意义。

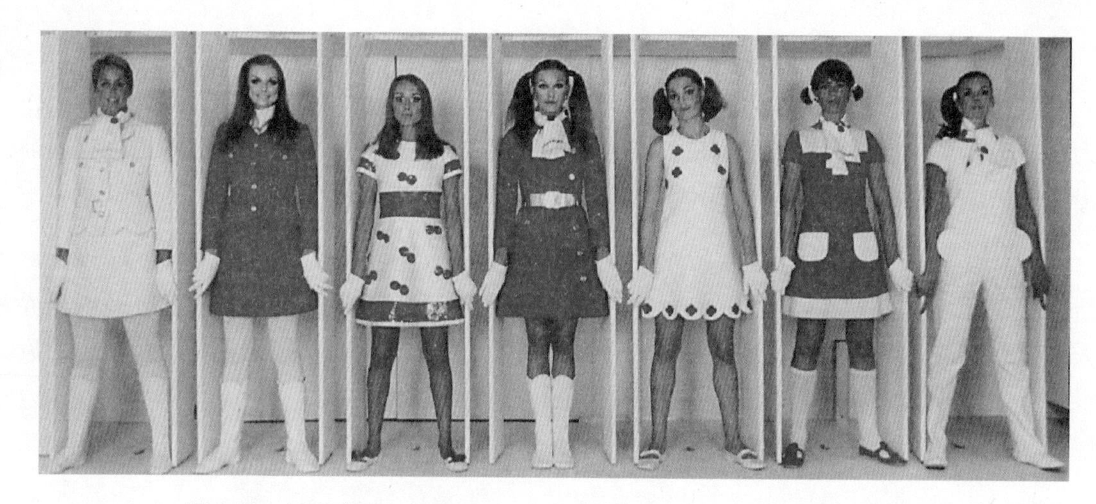

图3-46　1968年Andre Courroges设计的具有年轻“迷你”风格的时装

2.名人效应

影视、歌坛、体育圈是时尚流行的前沿阵地，这里发生的许多事件都对时尚流行的发展起着直接的引领作用。如迪特里希、麦当娜、Lady GAGA、贝克汉姆等，这些影视、歌坛、体育明星既是前卫时尚的积极响应者，又是前卫时尚的引领者和创造者，对时尚潮流的引领作用不可忽视（图3-47）。

3.生活休闲场所

餐饮、娱乐、旅游、运动等，这些都是当代人享受休闲生活的场所，是孕育、体现时尚潮流的天地。这些地方直接而鲜明地反映出当代人的生活方式、情趣爱好和审美倾向，因此，也是流行文化风向标的一大因素（图3-47）。

图3-47　Lady GAGA在纪念自己25岁生日时穿的透视修女装

4.重大事件及社会活动

重大事件、社会活动等是时代的产物和印记，是创造流行时尚的策源地。每一次重大事件的发生、重要变革的出现以及重要活动的举办都会引起时尚流行的相应变化，成为从事流行趋势研究专家和时装设计师关注的内容。例如，2008北京奥运会前后，国内外时装设计师纷纷选择中国元素从事设计，导致“青花瓷时装”在世界范围的流行（图3-48、图3-49）。

（四）合作伙伴与竞争对手

（1）合作伙伴意味着与特定服装品牌有着密切相关性，且保持有友好合作关系的服饰品牌。这种相关性和合作性决定了合作伙伴信息的价值性，无疑对准确判断和预测很有用。

（2）竞争对手则比合作伙伴相关性来得更紧密，毕竟竞争对手意味着总体相同的市场定位、产品定位和风格定位，因此信息也更具有价值。掌握竞争对手的信息，做到知己知彼，扬长避短，方能赢得市场空间，在竞争中形成优势，处于不败之地。

图3-48　2009春夏Christian Dior高级定制推出的“青花瓷”时装

图3-49　NE.TIGER 2009春夏推出的“青花瓷”时装

二、流行信息的分析

在掌握大量流行信息的基础上，对其进行深入的梳理分析是流行预测的重要环节。其中包括时尚分析、趋势分析和竞争分析。而这三个内容的分析相互联系、相互渗透。

（一）时尚分析

对当前的时尚流行进行分析，包括对流行现象的整理归纳；对流行现象背后隐藏的外在和内在的原因的探究；对市场和消费者心理的分析；对时尚流行程度的考察与后续发展空间的分析。

（二）趋势分析

此处侧重于对未来流行趋势的分析，它是建立在对时尚分析基础之上的。包括短期预测分析，主要是对下一季流行的预测，为制订本服装公司设计方案提供支持；长期预测分析，即对5年以上时尚流行趋势的分析判断，以利于把握时尚流行的总体趋势。

（三）竞争分析

竞争分析包括自我分析和对手分析，它基于消费者信息和竞争对手的信息之上。其目的在于既要做到知己知彼，扬长避短，又要做到取他人之长补自己之短，以对现阶段服装产品策略进行必要的调整，定位本公司下一步设计方向。

三、流行趋势预测

经过对流行信息的分析，下一步则要进行流行趋势的预测。实际上预测的内容都已包含在分析结果之中，处于呼之欲出的状态。所要做的工作就是对各种分析的结果进行综合、归纳、比较和取舍，去粗取精，去伪存真，加之创新理念与灵感的介入，最终形成流行趋势预测方案，以图文并茂的形式加以艺术化表达。

（一）长期预测

长期预测是指对未来5～10年（也许更长时间）流行趋势的预测。此种方式主要用来揭示未来时装发展的可能性，虽然涉及纱线、面料和服装各个方面，但比较笼统，是对时尚流行总体趋势走向形成合理的判断与预测，并对未来的发展起到一定的指导作用。

（二）短期预测

短期预测是指对来年或下一季流行趋势的预测。通常对纤维、纱线、纺织品预测提前1年或1年半；服装预测则提前半年或一个季节。短期预测往往以主题风格的形式进行，分别对纱线、面料、色彩、图案、款式及细节进行较为详细的图文并茂的表述。对于流行趋势研究机构来说，所发布的预测资料中还带有流行面料的实样册，面向广泛的纺织服装企业。对于特定的品牌服装公司来说，所要做的工作则主要是针对本公司特点的市场流行预测，以及根据预测所做的下一季产品设计方案，具有具体和翔实的特点。

总之，流行趋势预测是建立在充分的调查、分析和研究基础之上的，主要内容包括：探究即将到来的社会文化潮流以及正在浮现的生活时尚；阐述影响消费者行为的不同社会时尚；分析对全球的消费行为有着深远影响的，正在形成的新观念、新兴趣点和艺术形式；通过对全球时尚生活方式的分析，定义每个季节的四大主题；概括消费者习惯的主要变化，为每季的四大主题提供清晰的思路；预测结果以流行主题的形式，针对服装设计各构成元素，图文并茂加以表达。

第五节 时装流行趋势主题的确定与表达

图3-50 带有浓浓怀旧故事感的流行主题画面

美国设计界的“趋势猎人”马特·马图斯（Matt Mattus）在他撰写的《设计趋势之上》一书中指出：“当故事性、娱乐性成为商品的终极需求后，设计师仅仅画出美观的设计图已经远远不够，唯有认真地‘讲一个故事’，让最终使用者感动到无以复加，这样的设计才算成功。”时装流行趋势主题的确定与表达，实际上就是编撰符合服饰消费者口味的动人故事，基于用“故事”来感动消费者的目的。图3-50是一个时装流行主题的氛围图，画面中一辆老式火车以强烈的透视被推向远方并消失在朦胧之中，在蒸汽的笼罩下，虚实可见；一位旧时装扮的机车工斜靠于车身，望着从车上匆匆走下来的女子，营造出了一种浓浓的怀旧气氛，让你置身于其中，慢慢地体会发生在20世纪的故事。画面右侧是流行主题意境下的时装与服饰配件。整个主题画面由于故事感而强化了所推出的流行主题。

一、流行趋势主题的确定

流行趋势主题的确定是在调查、分析和预测三部曲完成之后而着手从事的。虽然预测出来的内容已经过梳理和归纳，但它们仍相当丰富和复杂。有长期与短期之别；有清晰与模糊之分；有对各种可能性流行的推测。相对于流行主题来说，它们还只能是作为孕育主题的素材，换句话说，即流行主题的确定还必须对预测内容进行再提炼。

确定流行趋势主题包括以下三个方面。

（一）主题方向的确定

主题方向的确定是指确定总体流行趋势，它基于对时尚流行预测内容的综合概括，形成整体“故事”的基本轮廓。一般每季推出的流行趋势主题方向会演绎3 ～ 4主题加以表现。在此方面要注意的是，主题方向要具有高度的典型性与概括性；各主题要能够反映出时尚流行的总体趋势，与主题方向紧密联系；主题间应有不同程度的差别性；既要注重主题方向的前卫性，又要考虑受众的群体性。可以将预测的内容用简洁的语句、关键词、草图及图片等聚合在一起，首先采取合并同类项的方法对预测内容进行提炼；再从编撰故事的角度、受众的角度等对提取出的主题方向进行调整。

以中国女装网《流行趋势》栏目刊登的信息为例。“2015/2016秋冬女装趋势”（主题方向）——唯美细节，具体分为手工定制、编织工艺、密集节奏和立体痕迹四个主题。这样，主题方向与主题间的关系就表现得很到位。

（二）主题（名称）的确定

有了总体流行的主题方向，接下来就要围绕方向确定各主题，为每个主题起名称。这一步的做法与确定主题方向近似，需要典型性与概括性勾画各主题的故事框架。由于它们是由主题方向派生而来，因此具有“分镜头”的特点，即从不同的角度表达主题方向。确定主题名称有助于将主题拓展思路集中，并不断地提醒研究者保持原始的主题灵感状态。如果暂时无法确定准确的名称，则可以采用一个大概的名称，或以主题思想的形式来指导下面的工作。或者直接做主题内容，再在主题表达过程中逐渐凝练准确、合适的主题名称。

主题名称是对所确定的流行主题进行标题上的艺术凝练。它对于流行主题准确而完美的表达，对吸引受众的感官，激发他们的兴趣和向往起到很重要的作用，因此要给予充分重视。应该着眼于以下几个方面。

1.新颖奇特

主题名称首先要有新意，其次可以追求新颖的“升级版”——奇特，以吸引观者的注意力。例如，花卉是经常出现且非常平常的主题，在2014早春女装流行趋势的主题中则被冠以“迷花沾草的春季风”之名，新颖而富有感染力。但是，奇特不等于怪诞或晦涩，而应具有绝妙之感。根据流行主题的内容，还可以适当地借用时尚网络用语，以凸显时代潮流气息，拉近与大众时尚群体的距离。如2014春夏服装设计主题“新数码美学”，

2015/2016秋冬女士内衣主题“解码”就具有这样的特点。

2.美妙动人

流行主题是在向人们讲述美好的故事，那么作为故事的名字也应具有美妙动人的特征，如将“星际”主题起名为“撒一把星空”；将“怀旧”主题起名为“纯真年代”等，使主题名称具有能够激发观者向往的魔力。美妙动人的题目不仅是在文字上的体现，而且应该是具有故事感的表现，能够将人带入主题故事之中。例如，法国巴黎娜丽罗荻设计事务所推出的2013/2014秋冬时装流行趋势就以“城市四幕剧”为总标题，颇具故事感，一下子就抓住了观者的兴趣。四幕主题分别为“堡垒精神”“朴拙之美”“妙趣肆意”和“暗夜幻境”，也不乏动人之处。

3.清晰明了

作为标题应该具备高度提炼、清晰明了的特点。名称不宜过长，4～6个字之间比较合适，而且要尽可能让观者看上去一目了然，读起来朗朗上口。

4.主题名称间的协调性

主题名称间的协调很重要。因为每一季推出的流行趋势主题都是成系列的，一般以3～4个主题为多，它们有各自的特色，但又共同融为一个流行趋势发布的整体，因此主题名称间要有很好的协调性。例如，各主题名称具有同样或大体相当的字数，标题文字构成方式一致，笔法一致等，常常会用到“排比”“对仗”等的构成形式。

（三）主题内容的确定

主题内容是在主题方向确定之后（最好也是在主题名称确定后）而进行的。依据主题方向所规定的框架，以及之前所做的流行预测内容，从主题“氛围板”（也称主题“故事板”）、色彩、图案、面料、款式造型、细节、配件及妆容等几个方面对主题内容进行具体化确定。能够表现主题方向的内容及元素很多，必须对其做典型性处理，以达到主题突出的效果与目的。

二、流行趋势主题的表达

流行趋势的表达一般由文字和图像画面两种形式构成。其中文字表达部分是少量的，主要涉及主题名称以及对主题内容（包括氛围、色彩、图案、面料、款式造型、细节、配件及妆容）提纲挈领地勾勒。图像画面表达部分则作为主体，更易于引起观者的注意力和兴趣感。因此，流行趋势主题的表达从很大程度上是一种视觉交流，有效展示流行主题画面至关重要。要使主题的表达尽可能专业化，使之有条理、干净、准确、清楚、恰当、有感染力和视觉冲击力。

（一）主题的文字表达

主题的文字表达包括主题说明、主题内容和文字形式的表达三个方面。

1.主题说明

主题说明是以提纲挈领的形式将主题的内容加以高度概括后的文字表达，可理解为故事的简介，因此很重要。与图形表达相比，文字内容表达更趋向理性化、条理化和明确化，是观者走进故事情节后离开时最终要记住并带走的东西。所以文字内容表达的关键在于清晰、简洁和明了，要让观者好理解、好记住。

例如，以中国女装网登出的“NellyRodi2015春夏女装流行趋势预测”之“冥想”主题文字来说明。

对当代社会的厌倦促使新式宗教的出现，以个人健康发展为主的冥想主题，重新诠释体积与纹理，言简意赅的美学概念。自然纹理纤维与有机提花奠定雅致、简单的生活方式。地层肌理与复古织物打造诗意的现代工艺世界。受到贫穷美学的影响，干皱的手工制作与蕾丝归入到生活必备单品中。

从“冥想”主题文字部分我们可以清楚地领略到该主题的总体面貌，其表达具有简洁洗练、一目了然、形象而生动的特点。

2. 各项主题内容的文字表达

各项主题内容是由充分反映主题思想的色彩、面料、造型款式、图案、细节、配件及妆容所构成。它们的文字表达多以小标题或关键词的形式呈现，是对图像画面极简的文字介绍。以“冥想”主题为例，其主题内容的文字表达见图3-51。

● 颜色 宁静海军蓝、深紫色、中性石灰色；一系列漂白的明亮色调与粉色砂质色调。	● 面料 灵感来自珍贵贝壳、海胆、珊瑚纹理的迷你浮雕面料；地层肌理刺绣；天然材料与原材料，如随着时间产生光泽感的竹节亚麻面料；带有漂白褪色的部落风提花织物；改变纬线重新诠释的皮草织物。
● 图案 水面反射产生的水样迷彩大胆新颖；壁毯图案印花打造的细腻、精致纹样；灵感来自木材的丝网印花或迷嬉几何图形印花；水粉色调“矿物”印花图案主导温柔舒适感。	● 货品推荐(款式与细节) 派克大衣、透明欧根纱T恤、蕾丝背面背心、数码“海底”印花连衣裙、涂布亚麻+麂皮大手提袋、加泰罗尼亚凉鞋。

图3-51　冥想主题基本主题内容的文字表达

3. 文字形式的表达

文字形式的表达与图形表达类似，比较注重视觉艺术的感觉。文字的字体、大小、粗细、色彩等的选择要视流行趋势主题风格和图形表达情况而定，总体上把握醒目、合适和美观的原则。

（二）主题的图像画面表达

图像画面表达，顾名思义就是用视觉传达语言以更加直观的方式表达流行趋势主题。如果说文字表达是要让观者记住主题故事要点的话，那么图像表达则起到吸引和诱导观者进入主题故事的作用。它的表达一般分为氛围、色彩、面料、图案、款式与造型、细节、配件及妆容几个方面分别进行。

1. 主题流行氛围版

氛围版在表现流行主题上十分有效，它向观者直接展现了流行主题的视觉画面，给人以视觉感官的第一印象，吸引观者的注意力和兴趣感。第一印象的好坏取决于氛围版制作的质量。要想设计制作一个理想的氛围版，主题鲜明，强烈的形式美感很重要，必须始终抓住流行主题的基调。氛围版设计的构思或灵感来源于流行主题，要紧紧地围绕主题展开。

（1）可以采用列举主题关键词的方式，集中强化对流行主题的思考，引发灵感。

（2）依据关键词寻找相应的图片，同时也可利用草图的方式拓展理念与构思，其搜寻的范围要尽量宽一些，内容要尽量丰富一些，例如，与主题密切相关的场景、服饰形象、建筑、艺术、生活状态、生物、生活用品及标识性的图形与物件等。

（3）在形成一系列图文素材之后，要对这些素材进行比较、评估，挑选出其中最具代表性、标识性和表现性的典型素材。

（4）将这些典型素材加以组合排列，通常选择一个能够确定主题氛围基调的图片作为整体背景，视画面总体效果而决定是否对图片进行虚化处理。再将其他选定的素材置于背景画面之上加以有机的组合，同时配有主题标题和高度概括的主题说明，以形成完整的氛围画面。最好是能够直接用计算机绘图软件或PPT软件来做，这样能够根据需要，自由、便利地对素材进行缩放以及对色彩和位置的调整。

（5）应该说典型素材的组合本身就会自然形成某种色调倾向，在此基础上可以有意识地强化这个整体色调，这样能够有效地增强主题氛围的视觉感染力。

（6）围绕主题开始氛围版的设计与制作，同样要以主题来检查氛围版的效果，看是否达到了主题鲜明、形式美感强的目标，再经调整，最终完成。

图3-52是2014牛仔流行主题之一“地下酒吧”的氛围图。作者将反映地下酒吧特定场合的图片作为背景，前面安排了四个穿着该主题款式时装的青年形象，并提取了地下酒吧中“酒瓶”“台球桌”“钞票”等典型元素，采用“集聚”和“强调”的手法加以艺术化表达，营造出了浓郁的主题氛围。

图3-52 “地下酒吧”主题氛围图的表达

2. 主题流行色彩

在确定主题内容的阶段，就应对主题流行色彩有个明确的概念和指向，要以充分表现主题为目的。

（1）为了使主题流行色彩的表现更具形象化和感染力，一般使用色彩效果图形画面（类似于氛围图的效果，只是着重强调色彩）来表达，避免使用与选好的主题色彩不协调的意象，否则会减弱总体效果。主题色彩要鲜明、整体，富于艺术形式美感。

（2）将主题流行色彩组单独提取出来以色块或面料色卡的形式成组、有秩序地排列，使用国际通用的专业色卡对流行色进行标注，现在多采用被公认为国际色彩标准语言的《潘通色卡》（PANTONE）及国家标准纺织色卡（CNCS）。这里所说的“秩序”可以依据实际主题流行色调的情况选择或以色相、明度、纯度，或以色组的组合达到预期效果。

图3-53是时装流行预测机构TREND FORECAST推出的2014色彩流行趋势。做得非常细致，每一块色彩都标出其标准色卡号。不仅推出2014年春夏季的流行色，而且还与前两季流行色做比较，清楚地反映出流行色的变化趋向。虽然没有主题文字的表述，但都有流行色灵感来源的图片，让人一目了然。图3-54是英国在线时尚预测和潮流趋势分析服务机构WGSN（Worth Global Style Network）推出的2013“黄金时代”主题色彩，主题色来源与色卡表现得一目了然。

图3-53

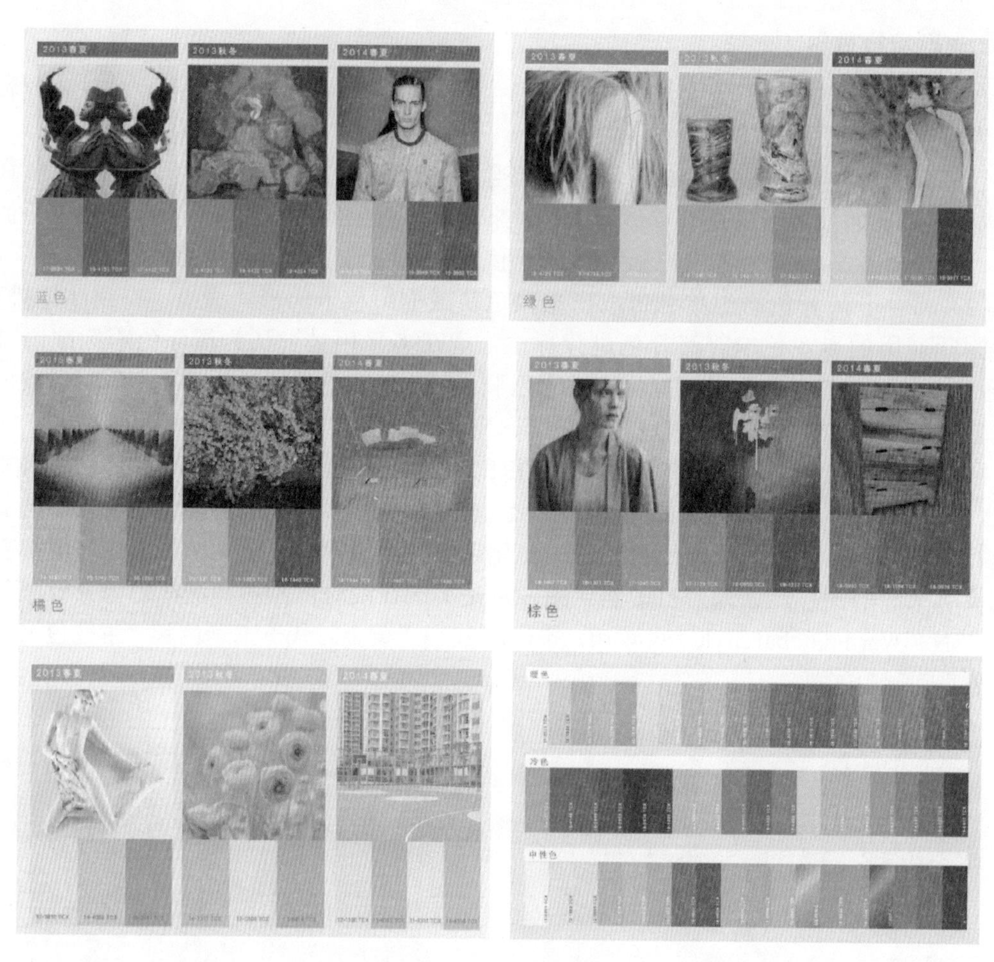

图3-53　TREND FORECAST推出的2014色彩流行趋势

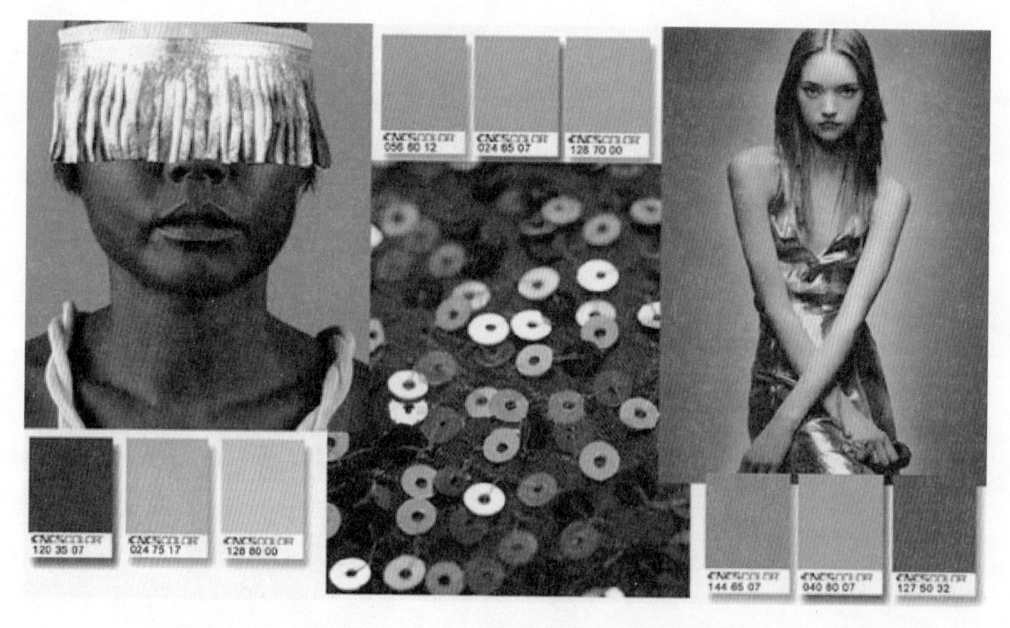

图3-54　WGSN推出的2013“黄金时代”主题流行趋势（色彩）

3.主题流行面料

主题流行面料包括主体面料、辅助面料和特殊装饰效果的配料等，与主题流行色表现相仿，要着重考虑主题流行面料的最佳表现方式。

（1）营造背景氛围，用以烘托面料的主题意境是一种不错的方法，但要注意背景一般都需要经弱化或虚化处理，以确保主题面料的主角地位。

（2）将面料实物样片直接贴附在画面上，尤其作为流行面料样本用的时候更加需要，这样可以给观者同时提供视觉和触觉两个方面的体验。而如果只是用印刷画面来表现的话，则需要将实物面料转化为数码图像的形式加以应用。如果没有实物样片，最好能模仿面料的肌理效果绘制出来，以达到逼真的视觉效果。

（3）一般用花式剪刀将确定的流行主题面料剪切成具有锯齿形边缘的样块，在背景氛围画面的衬托下排列组合。排列的方式依据主题风格特点各有不同，但不论差异如何，都应采取有序、整体而富有变化的形式，最终使主题面料得以充分表现。也可以把织物样片与服装设计草图放在一起进行表达。

（4）主题流行面辅料的组配与应用方式也应在排列组合中，并有意识地加以表现。

图3-55表现的是2014秋冬男子“田园之美”主题流行面料。采用高清晰的面料照片，充分表达出了面料组织结构与肌理效果，同时配置了人物着装图片及简练的面料文字说明，强化了主题面料的风格特征。图3-56是WGSN推出的2013“黄金时代”主题流行面料的表现，包括面料、辅料和配饰材料。在主题流行面料表达的同时，色彩也起到了一定的渲染作用。

图3-55 2014秋冬男子“田园之美”主题面料表达

图3-56 WGSN推出的2013“黄金时代”主题流行趋势（面料）

4. 主题流行图案

主题流行图案表达的基本思路和把握的基本原则是抓住流行主题风格特点，努力寻求最合适的形式美表现方式，达到通过清晰、准确的流行图案展示，营造出主题意蕴的理性效果。在表达时应注意以下两点。

（1）图案本身具有比较强的视觉完整性，因此无需过多对其做强调处理，否则会导致总体效果混乱，使服装廓型与款式减色。

（2）可以辅助于服装等直观表达形式。

图3-57为2014春夏“女装航海度假”主题系列印花和图案整体表现与分项表现形式。图3-57（a）选用了主题背景图案对穿着几何纹样服装的人物加以衬托，凸显主题；图3-57（b）则直接以着装人物的形式表现，配以提取出来的纹样特征。

(a) 2014春夏“女装航海度假” 主题系列印花

(b) 图案整体表现形式

图3-57 2014春夏“女装航海度假”主题系列印花和图案整体表现形式

5.主题流行款式与造型

款式与造型两者的概念不同，前者指服装具体的样式，后者则是指服装的廓型。款式依附于廓型之中，但反过来也作用于服装廓型，它使同样的廓型呈现出不一样的外观，两者之间有着十分密切的联系。

（1）对于造型的表达通常是以简洁的文字和几何造型图进行的，也常用英文字母来表达，如X型、H型、A型、Y型、O型、T型、S型等。

（2）离开了服装款式的造型表达毕竟比较抽象，缺乏亲切感和实际着装的形象感，因

此往往将两者合为一体，以服装效果的形式加以生动的表现。

（3）服装效果可以用服装效果图、服装平面款式图或直接用成品服装的方式表达，关键是要清晰、明确地将主题下的服装特色强化出来。

（4）以服装绘画的形式表达，其优点在于，服装流行预测明了，创新设计感强。直接采用服装形式表达的优势在于，实际效果的可视性好。在具体表达时，可根据实际情况做出选择（图3-58、图3-59）。

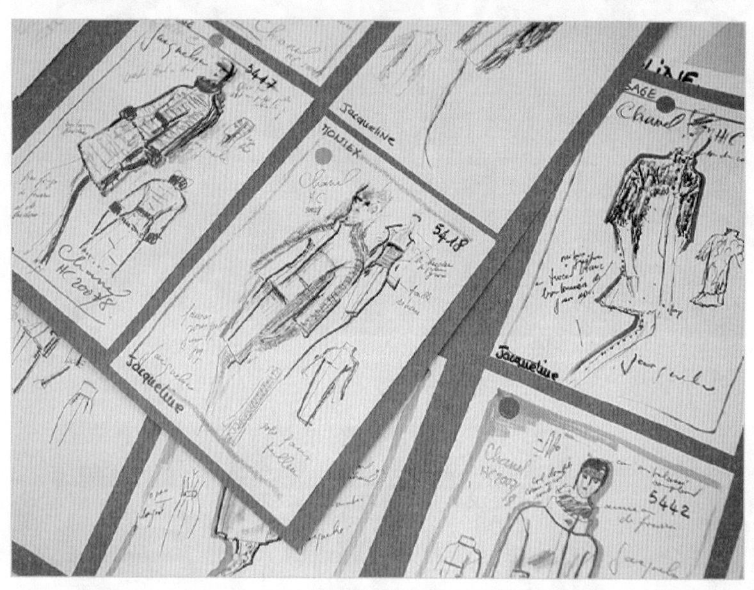

图3-58　以设计师手稿的形式进行时装流行主题造型与款式的表达

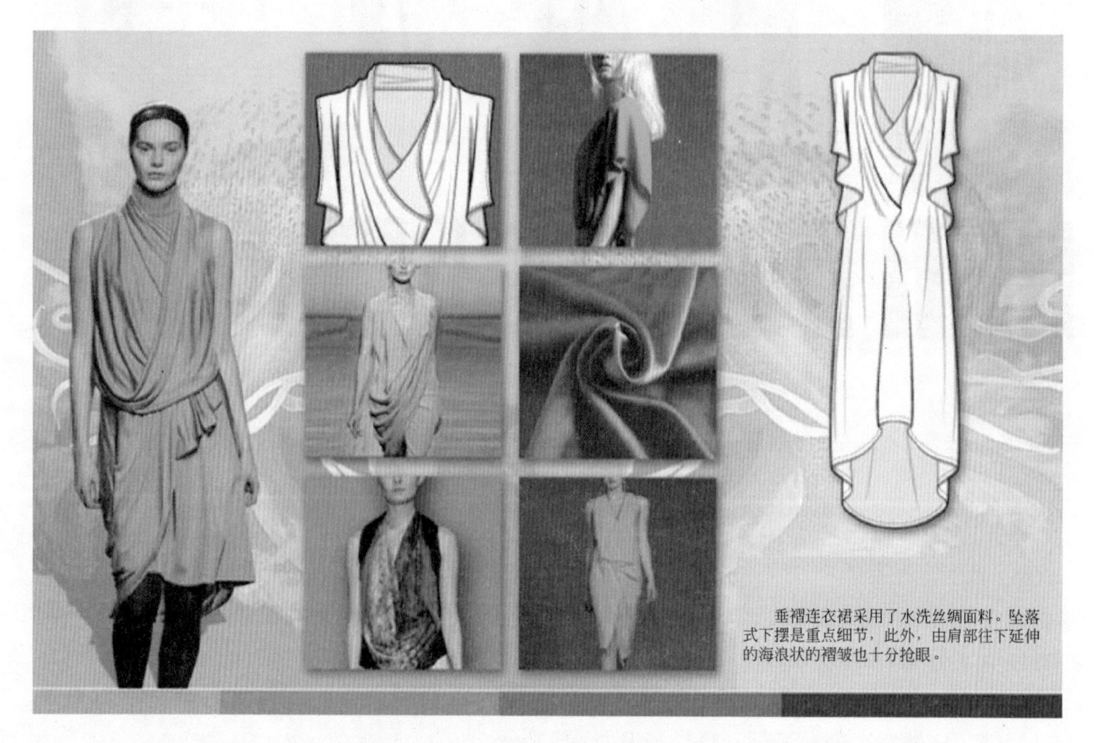

图3-59　2014春夏女装“信仰”主题款式表达（款式图与着装效果图）

6. 主题流行细节

细节是流行主题的重要内容之一。服装的流行有一种突变演进的形式，但更多见的是循序渐进的形式。而流行细节的变化在渐变的过程中起着十分重要的作用，甚至于成为流行的焦点。细节包括款式细节、装饰细节和工艺细节几个部分，款式细节如西服M形缺口翻驳领、偏门襟等；装饰细节如流苏、衩口和蝴蝶结等；工艺细节如花饰开袋、封口细节处理等。表现主题流行细节，多采用放大强调的手法，以突显流行细节的面貌；同时辅助于细节在着装中的实际表现；再加以简短文字的介绍，以加深观者对主题流行细节的认识。

图3-60　服装款式细节的主题表达（干净的线条）

图3-60中，提取了主题款式的细节特征（剪除不必要的部分），采用平面构成的形式，将它们进行有机的组合，并配以简短的文字说明，形成了完整而精致的表达主题细节的版面。而图3-61则直接将主题服饰细节剪切放大，以同尺寸矩形平铺的方式排列，配以精炼的文字说明，其主题细节的表达具有直观性、突出性的特点。

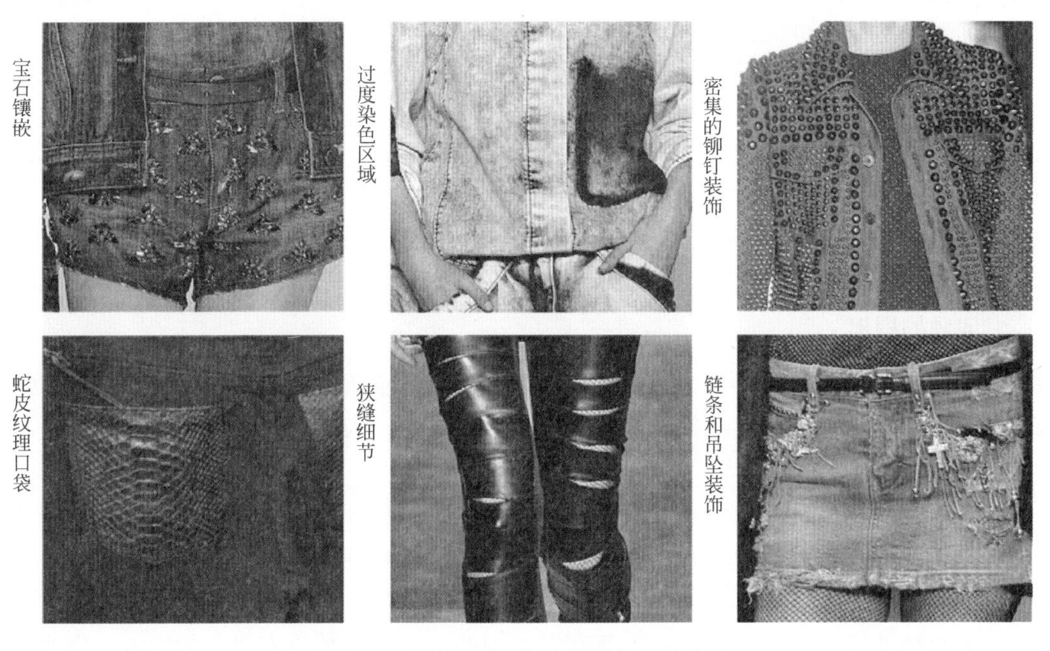

图3-61　“地下酒吧”主题服饰细节表达

7. 主题流行妆容

做得完整和精细的主题表达画面，会看到流行妆面的内容。其目的是让观者对流行主题有更全面、更细致的了解和感受。强化主题风格，与其他主题内容保持整体性很重要（图3-62）。

图3-62 “出水芙蓉”和“金枝玉叶”两个主题的发式与妆容表达

第六节 ● 时装流行趋势主题的确定与表达案例分析和操作

一、流行趋势主题表达案例分析——“生态学”流行趋势的预测与表现案例分析

“生态学”流行趋势的预测与表达案例是20世纪90年代由日本流行趋势研究机构以10年长远趋势和近期流行两种预测形式推出来的。这里主要介绍并分析专业化流行趋势预测的基本思路和预测主题的表达方式，但缺少原始的图形材料，案例分析中所配图片是根据文字内容而选择的。

（一）“生态学”——10年大趋势预测

1.问题的提出

（1）由于全球工业的不断发展，地球环境遭到不断的破坏，水、空气、土壤被污染，森林被砍伐，草木被践踏，动物被掠杀等行为不断发生，人类这一系列的举动破坏了地球生态的平衡。

（2）以前我们总是把自己同低级动物以及其他生物分开考虑，盲目自大，这种思想是生态失衡的罪魁祸首。由此导致了习惯于采用片面的、单纯的、割裂的、以己为中心的思维方式。

（3）地球的毁灭意味着人类的不复存在，因此，人类必须反省自己的行为，学会以生态学的观点整体考虑事物。

2.关键词的确定

生态学（ECOLOGY）。

3.生态学的观点体现在服装上表现出来的特征

（1）将不同性质的东西相组合。

（2）将不同性质的东西相复合。

基于以上生态学的观点和表现特征，用组合与复合的手法创造出新的表现流行趋势的词汇和语言——“ARCOLOGY”，以此来丰富人类服饰的创新活动。该词是由建筑学“ARCHITECTURE”和生态学“ECOLOGY”两个词组合而成，可以理解为自然的系统+人工的建设。

4.生态学主题的表达方式说明

基于生态学的观点，1991年，美国科学家在亚利桑那州沙漠中计划实施建造一个“人工生态系统”，也称“生物圈2号”（图3-63）。这是一个全封闭、与外界完全隔绝的生物系统，复制了地球上7个生态群落，并有多个独立的生态系统，包括一小片海洋、海滩、泻湖、沼泽地、热带雨林及草场等。它的上面覆盖着密封玻璃罩，只有阳光可以进入，容纳了8名科技人员、3800种动物和1000万升水。植物为动物提供氧气和食物；动物和人为植物提供二氧化碳；人以动植物为食；泥土中的微生物转化为废物。但此实验并未成功。

图3-63　美国在亚利桑那州沙漠中建造的“生物圈2号”

“生态学”是当时人们开始关注和所从事的科学研究前沿，对服装的功能性发展及流行趋势起到重要的影响作用。

用生态学主题概念建造集购物、休闲娱乐、健身美容、餐饮、展示、服务为一体的大型现代商业圈（图3-64）。其整体性、包容性和融合性的特点不仅体现了生态学的观念，而且满足了当代人的多种需求。

用生态学主题概念打造的融良渚文化遗址展示、原始宗教体验、水乡民居文化观赏、休闲、旅游、度假等为一体的上海松江广富林遗址公园规划实施方案（图3-65），目前已有三分之二的工程建成，它将成为上海的新“地标”。因此说，多年前推出的这种“生态学”大趋势会一直影响人们的休闲、娱乐等方式，组合、复合的手法沿用至今。

图3-64 集多种功能为一体的shopping mall——整体、融合的概念

图3-65 上海正在打造的融多种功能为一体的松江广富林遗址公园规划实施图

用图书《经典中外民歌》及中外歌星共同演绎同一首歌的画面来表达异族文化融合与创新的理念（图3-66、图3-67）。

图3-66　中外歌星共同演唱北京奥运会主题歌《我和你》

图3-67　黑白种族的融合

图3-68中截取了老与少、男与女携手的画面，将同一事物对比的形态相组合、相复合，同样表达了异质融合、创造新的时尚流行的概念。

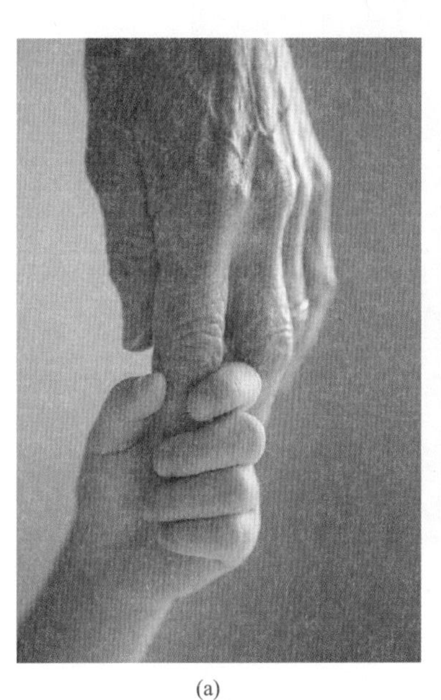

(a)

(b)

图3-68　老少、男女携手的画面

5.创造21世纪服饰流行的公式

黄 ＋ 蓝 ＝ 绿

由以上生态学概念借用色彩调配规律，引申出了这个创造新世纪服饰流行的公式，其高度、生动地概括了生态主题创新服饰的方法。黄色和蓝色个性鲜明，而将它们调配在一起时，则发生了实质性的变化，生成了全新的绿色，它其中具有黄与蓝的成分，但绝非黄，也不是蓝。这个公式为开启新世纪的服饰流行提供了一把金钥匙，用组合、复合、融合的方法创造新世纪的服饰流行。时隔20余年，时装发展的历程充分证明了当年预测的长期总流行趋势的准确性。

（二）"生态学"——应季流行趋势预测

该应季流行趋势预测囊括的10年大趋势的框架中，推出的四个流行趋势主题内容与表现形式均体现了"生态学"的总趋势，它们分别是"艺术与自然""纤柔的女子""神秘的装饰"以及"过去与未来"。

1. 艺术与自然（ARTI-NATURE）

从自然中的岩石和枯叶中获得灵感，突出大块面坚韧的、男性的与小块面自然的、艺术化的对比组合，采用的是组合、复合的生态学手法。主题词也是通过组合、复合独立的单词而新创造出来的（图3-69）。

图3-69　表达生态学组合主题概念的"自然的＋男性的=ARTI–NATURE"的画面

2. 仙柔的女子（FAIRY-FEM）

从雪花、云彩、迷雾、羽毛、神话及童话中获取灵感，同样采用组合、复合的生态学手法，表现充满幻想和女性化相结合的感觉（图3-70）。

3. 神秘的装饰（MYECE-DECO）

从基督教文化及各种装饰中获得灵感，将基督教堂彩色玻璃嵌饰与阿拉伯建筑装饰相结合，清楚地表达了异族文化相融合的思想，同时也展现出幽静、神秘的感觉（图3-71）。

图3-70　表达生态学组合主题概念的“幻想的+女性的=FAIRY–FEM”的画面

图3-71　表达生态学组合主题概念的“欧洲的+异族的=MYECE–DECO”的画面

4.过去与未来（RETRO-FUTURE）

该主题从人们的怀旧情怀中获得灵感，选取了法国卢浮宫与现代几何造型建筑并置的景观画面，传递了将过去的、古老的与现代的、崭新的相组合的生态学创新的观念（图3-72）。

图3-72　表达生态学组合主题概念的“现代的+怀旧的=RETRO–FUTURE”的画面

将传统与现代相融合是怀旧情感作用于现代人的心理使然。因此古老的物品越来越多地成为了设计师、流行趋势专家关注的重点。时至今日，生态学设计理念所形成的组合、复合的设计手法，经过不断的设计实践与发展，奠定了当今设计的基调（图3-73）。而东西方服饰元素的融合使用也成了众多中外服装设计师进行组合、复合的方法（图3-74、图3-75）。

图3-73　引起人们怀旧情感的老式物件

图3-74　中国设计师梁子融中西服饰元素为一体的作品

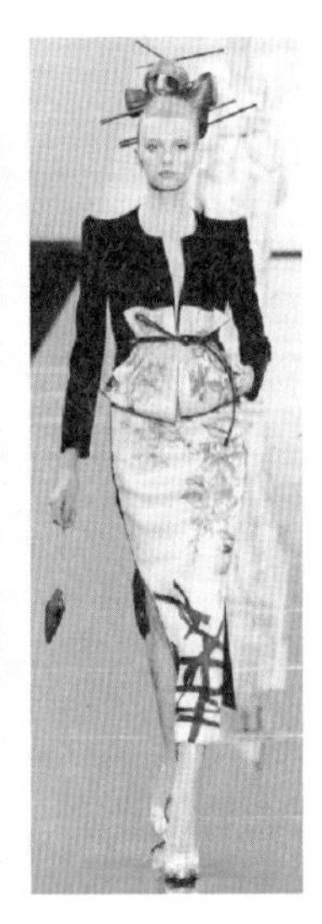

图3-75　阿玛尼融东西方服饰元素为一体的高级时装作品

二、流行趋势主题的确定与表达操作实践

“波西米亚部落风情”流行趋势的预测与表现案例分析

（一）时装流行基本趋势的确定

1.调研

（1）对经济、政治、人口统计数据、科技发展、社会文化思潮、生活方式等现状的调研。

（2）市场调研。

（3）时尚流行资讯，如重要的博览会、时装发布会、流行趋势研究机构信息发布、各类时尚媒体等。

通过以上三个方面的调研，可以得到能源、污染、城市化、老年化、同质化、网络电商、高科技、动荡、恐怖主义、快时尚、慢时尚、POP等关键词汇。

2.分析

对调研所收集到的大量资料进行分析，去粗取精、去伪存真，删繁就简，总结出总体的发展趋势。

3.确定

（1）根据流行趋势发展的规律，对反复出现于时尚流行资讯的流行风格、趋势走向进行提取。

（2）通过时尚流行的内在与外在环境因素的调研与分析，预测出可能流行的主题。

（3）通过来自于品牌运行销售的信息及市场调研的分析，确定出时装流行的基本趋势。

通过缜密的分析与研究环节，最终确定出“低碳环保”“科创数码”“情感怀旧”“大众艺术”四个基本的主题流行趋势。

（二）“波西米亚部落风情”主题的确定

一般来说，对于下一季具体流行主题（名称），多由3～4个构成。此处仅以“波西米亚部落风情”主题的确定为例加以表述。

首先，“低碳环保”和“情感怀旧”两个基本的主题流行趋势同时指向了“自然”“民族”“传统”方向，而究竟落实到哪个具体的主题内容（名称），还需要进一步分析挖掘。

从纽约的Anna Sui和Betsey Johnson，再到欧洲的Roberto Cavalli，Kenzo和Missoni等一系列女装发布会，波西米亚的风格主题就一直漂浮在我们眼前，并大有愈演愈烈的势头。飘逸的雪纺连衣长裙或半身裙，甚至是农妇式的衬衫上衣，都悄悄显露出波西米亚的丝丝痕迹。皮草背心和毛毯式大衣则是波西米亚游牧民族的典型层叠搭配款式。色彩艳丽的印花和图案散发出了迷人的魅力，其中最突出的是各种不同的花朵图案和拼接图案等。这种流行趋势反复交替的规律显而易见，可以吸纳为时装流行资讯信息。

（三）波西米亚部落风情主题的表达

1. 主题演绎

关键词有波西米亚、原始的、粗野的、自由的、奔放的、流浪的、天然的、手工的、装饰的、松弛的。

2. 主题联想与筛选

大篷车、马、旷野、森林灌木、溪塘、帐篷、墨西哥电影《叶塞尼亚》、席地而坐弹琴歌舞的情景、荡秋千的情景、鲜艳的包头巾、长波浪头发、细辫子头饰、波西米亚风格的首饰（红宝石、绿松石、铜银金属、皮条等材质的大吊坠耳环，项链，腰带，流苏靴子，皮条凉鞋等）、多褶裥长裙、大型的纹样图案等。

3. 反映主题图像素材的收集

图3-76 波西米亚人的生活形象素材

对素材的收集（图3-76～图3-78）要注意以下几个方面。

（1）素材的面要广，涉及波西米亚人生活的方方面面，目的是要全面了解波西米亚人的生活，包括精神与物质两大方面。

（2）素材图像要清晰，以保证使用质量。

（3）素材图片要有一定的数量，以满足制作氛围图挑选的需要。

图3-77 波西米亚人生活居住环境素材

图3-78 波西米亚人生活状态素材

从素材的收集中了解波西米亚人的生存环境、生活方式和服饰穿戴等全方位的信息，也可以适当搜集一点装饰用品等细节的图片。

4. 主题氛围版表现

图3-79 波西米亚部落风情主题氛围版

在进行主题氛围版表现时，要精选素材，对其进行有机组合，再以图文并茂的形式突出主题，以体现艺术感（图3-79）。

5. 主题色彩版的表现

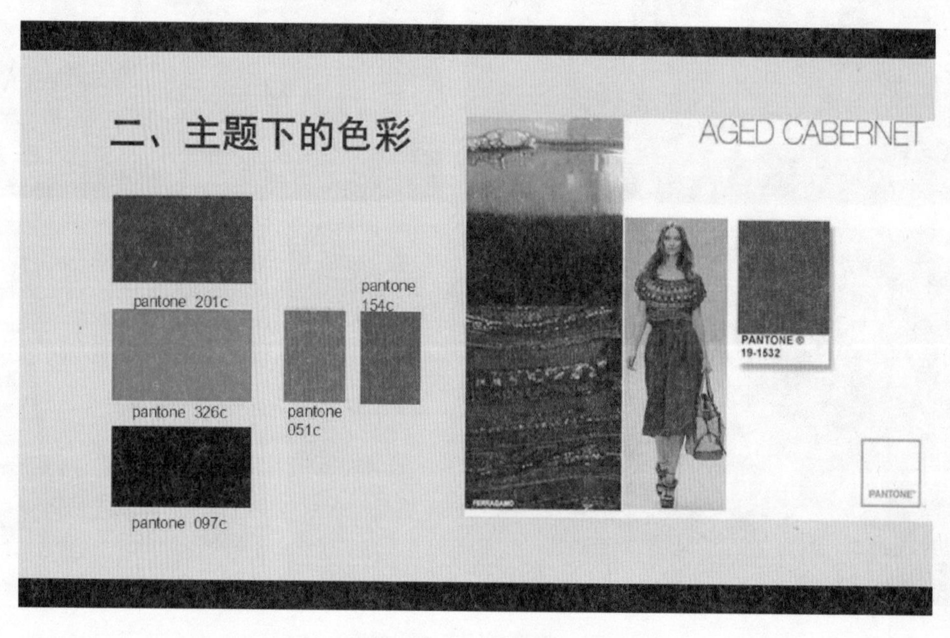

图3-80 主题色彩图版

进行主题色彩版的表现时（图3-80），要注意以下问题。

（1）对原始素材要有典型色彩提取。

（2）要结合流行色进行归纳。

（3）比较、精选，用色卡进行标注，注意版面的设计，使主题色彩鲜明。

6.主题面料和印花图案版的表现

进行主题面料和印花图案版表现时（图3-80，图3-85），要注意以下问题。

（1）要对原始素材代表性图案及面料风格进行提取。

图3-81　主题面料和印花图案版（1）

图3-82　主题面料和印花图案版（2）

（2）结合流行面料及图案进行归纳。

（3）把握总体面料、图案风格及典型肌理效果。

（4）追求排版的生动、有序、艺术化视觉效果。

7. 主题廓型的表现

主题廓型的表现要追求典型性、鲜明性和艺术性（图3-84）。

图3-83　主题廓型图版

8. 主题款式的表现

主题款式的表现要有代表性和时尚性，版面上要追求艺术性和鲜明性（图3-84、图3-85）。

图3-84　主题款式图版（1）

图3-85　主题款式图版（2）

9.主题款式细节与配件的表现

款式细节要经典，并具有凸显性，服饰配件的标识性与特点性要突出（图3-86～图3-89）。

图3-86　主题款式细节图版

图3-87　主题服饰配件图版（1）

图3-88　主题服饰配件图版（2）

图3-89　主题服饰配件图版（3）

10.主题风格成衣的表现

成衣的风格要鲜明，具有美观、时尚和实用性（图3-90）。

图3-90　主题风格成衣图版

思考题

1. 掌握服装流行的基本概念、类型、特征和规律。
2. 影响服装变化与流行的因素有哪些？
3. 了解流行趋势的预测与传播体系。

实践题

1. 对××时装周流行趋势特点的分析与总结

要求：

（1）选取一个世界时装中心最新时装周时装发布会，对各品牌所发布的时装信息进行收集、归纳和分析，总结出该时装周所展示出的流行趋势特点。

（2）以PPT图文并茂的形式加以表现（在全班交流）。

2. 对×××××流行服饰现象的分析研究（小论文）

要求：

（1）自行选取近年来具有典型特征的流行服饰现象。

（2）对该服饰流行现象进行深入的分析研究，阐明自己的观点。

（3）流行理论阐述与实际案例剖析相结合，有一定的理论深度。

（4）主题突出，思路清晰，阐述清楚，有说服力。

（5）写作要规范，4000字左右。

3. 对××年春夏（秋冬）季××地区女装流行趋势调研与分析

要求：

（1）4～5人一组，进行市场调研、信息收集、整理和分析。

（2）以课堂讨论的形式，每组汇报调研分析情况，相互交流、提问和学习。

（3）每小组在市场调研与流行趋势分析的基础上，推出4个流行主题，分别做出各主题的流行趋势分析图（以PPT的形式表现）。

（4）撰写流行趋势分析文字，3000字左右。

4. 流行主题系列设计

要求：

（1）每人在本组推出的四个流行趋势主题中选取一个，进行主题氛围图表达。

（2）根据流行主题设计一个系列的女（男）装。

（3）以正、背面服装平面款式图形式表现。

（4）整个系列要求20个款式以上。

第四章 成衣设计

教学目标

通过本章的学习，对成衣的类型、成衣运行的规律等基本知识与概念有清晰的认识；掌握成衣类服装设计的特点、要点以及成衣创意设计的方法；能够结合品牌设计内容进行成衣设计实践。

授课重点

成衣运行的一般规律；成衣类服装设计的基本要点；成衣创意设计方法。

成衣，顾名思义就是成品服装，是指根据特定的服装号型标准，不经量身订做和试装的，机器化批量生产，适应于中等及普通消费群体特点的服装。成衣的概念包括大众成衣和高级成衣。但人们比较习惯于直接用它表示大众成衣。可以说，成衣是工业文明的产物，但它的成长和发展主要集中在20世纪百年岁月之中。在它身上记录着近、现代历史的变迁、人类的进步和科学的发展等信息。

第一节 成衣发展的历史回顾

一、成衣的雏形

关于成衣业的兴起，比较普遍的说法是由于第一次世界大战期间为满足军队制服需要而大批量生产的结果。但是真正意义上的成衣生产始于19世纪，特别是缝纫机的诞生为成衣生产创造了必要的条件。而在此之前，较早就出现了服饰配件的“成衣”化生产。大约在17世纪中后期，欧洲就建立了第一批时装店，然而在那里出售的并没有服装，而只是服饰配件，如领巾、披巾领、皮手笼、扣子、帽子、手套、鞋子、绶带及女用胸衬等。因为这些物品相对于服装来讲，对尺寸没有严格的要求，适应面比较广。正是这些服饰配件一定批量化的生产，为成衣生产的形成奠定了基础。18世纪末，在法国出现了成衣的雏形，被称之为“la confection”，即女用现成服饰品。当时一些二手服装商人从裁缝师傅那里收存了许多人们不要的服装样品，在巴黎的Marché Saint Jacques开辟了小的货摊，以便宜的价格卖出，受到欢迎，从而开启了服装成衣后适体销售的先河。之后，裁缝师傅开始专门小批量生产，提供这样的服装，以此种形式销售，促成了旧衣贸易中心的形成，以至于经营

图4-1　1899年在“Weldon Ladies Journal”杂志上刊登的一个服装广告，上下两件配套服装仅售50便士

妇女头饰的商人也加入了订购此种便宜服装的行列（图4-1）。早期，人们获得新的服装是通过两个途径达到的，要么是自己动手制作，要么就是请裁缝制作。在人们头脑中普遍形成购买成衣的概念是19世纪的事情，并经历了较长时间的发展。此外，成衣的形成还有一些其他原因，如由于维多利亚时期对正式丧服的需求，导致这类成衣的出现，人们可以在一些专供丧葬用品的商店里买到；另外，这个时期妇女对源自男装裁剪技巧的西装的青睐，以及对舒适的旅游服装的需求也促进了成衣的发展。在19世纪60年代，已经产生了能够一次多层面料裁剪的技术，此种技术被用于女子散步套装的生产。成衣业的兴起导致了零售业的蓬勃、百货商场的成长以及邮购服装的出现。所以说，成衣的兴起基于服装工业的发展。

二、成衣的形成

成衣的形成主要依赖于人们生活方式的改变、制衣设备的改善、对人体尺寸归档研究、制衣技术的发展以及成衣销售市场的建立这几个方面。

在19世纪中后期及20世纪初，成衣生产在以上几个方面已具备比较成熟的条件。首先，工业革命彻底改变了长期以来人们所习惯的农业、手工业生产下的生活方式及价值观念，大批的男子步入了工业生产领域；同时，女权运动兴起，涌现出了一大批“新女性”，她们从家庭走向社会，参加工作、参加社交、参加体育运动。这样，就形成了对成衣消费具有强烈需求的广大群体；其次，缝纫机历经坎坷曲折的发展，此时已被人们所接受，并开始较为广泛地应用，这为成衣生产和发展奠定了重要的基础；另外，有相当数量的服装用品商店开业，在大型百货商店中多具有成衣销售的业务。这不仅完善了成衣生产、销售的全过程，而且促进了它的传播和发展。然而，与其他领域商品批量化生产相比，服装的成衣化道路要缓慢许多。主要原因是难以解决成衣尺寸适体的复杂性难题。此时的制衣技术和人体尺寸归档研究两个方面虽然有了一定的进展，但还没有实质性的突破。而成衣的品种更多是限于斗篷、外罩、围裙以及半合体或宽松的服装。大部分的成衣都不是时装，而只是普通的衣着。女士们若想在商店购买一件连衣裙，则意味着她将获得的是一件半成品。1910年，在商店的商品目录中对连衣裙的解释是这样的：“一条做好的裙子和一块制作上身的料子”“预留背缝线以调节穿着者尺寸的衣裙”。这个时期的成衣销售只具有大、中、小三种不同的尺寸，比较粗糙。由此可以看出19世纪末20世纪早期，成衣生产初始化所特有的形态。

中国传统服装具有宽松肥大、尺寸要求不精确、通用性强以及平面化裁剪的性质，比较适合成衣适应面宽的特点。但长期以来一直采用家庭手工裁剪缝制以及裁缝铺定制手工制作的方式，与成衣的概念相去甚远。中国成衣的出现依赖于西方工业革命成果的引进和深刻的社会变革、思想变革以及商业贸易的兴盛。西方成衣发展的同时，我国引入了缝纫机，为成衣在中国的形成与发展创造了必要的条件（图4-2），也出现了成衣生产销售的最初形式。如20世纪20年代，男子西式衬衫作为成衣生产销售的品类，被制作得宽松肥大，以解决适应形体面宽的问题。衬衫衣身的长短大小可以通过将其束入裤中加以解决，而袖子长短问题则是通过用袖箍的方法进行调节。

图4-2　缝纫机于清末引入中国

三、成衣的发展

20世纪上半期是成衣业迅猛发展的时期。其发展的标志表现在以下几个方面。

1.成衣的产量

此时期，成衣产量达到空前的程度，一方面体现在人们对成衣需求量的大幅度增加，另一方面则体现为对每一品种款式的成千上万件大批量生产。

2.成衣生产的规格尺寸及号型标准的完善

经过了第一次世界大战和第二次世界大战，人们对服装的功能性和尺寸方面的研究进了一大步（图4-3）。第一次世界大战促成了大批量军用制服的生产。基于这些制服而产生了“堑壕服”（trench coat）和“战斗服”（battle dress）。尤其是正规西服的裁剪技术被运用于军官制服上，各国组织专门的力量在服装的卫生性、保护性功能、人对服装的适应性、服装尺寸的标准化和系列化以及服装标志等方面作了大量的研究工作，并取得了很大的进展。中国成衣生产也是在这个时期走向系统化和标准化。

图4-3　1940年在伦敦一家零售店销售的出自“Nicoll Clothes”的女性制服化成衣

3.制衣设备的迅速发展

缝纫机的速度、性能得以不断改善，而且出现了专门化的制衣机械，如钉扣机、锁眼机、熨烫机等，大大提高了成衣生产的效率。

4.成衣个性化发展

成衣在解决基本技术问题之后，开始向个性化及时尚化方向发展。

5.各个层面的成衣消费市场确立。

四、高级成衣的出现

时代的前进和人们生活方式的不断变化推动了成衣的持续发展。在20世纪中期，一方面，由于社会经济的迅猛发展，人们的生活水平有了相当大的提高，对于成衣高级

图4-4 20世纪60年代，高级成衣出现

化的需求急剧增加；另一方面，由于体育健身运动的风气日益兴盛，大大改变了人们的生活方式，服装上出现了讲求功能、强调运动风格的倾向，人们的服装消费心理发生了很大的变化，就连那些一向在装束上比较保守的英国皇室成员也受到很大的影响。使得高级时装的消费阵营不断萎缩，从原本全世界约有15000人购买价值3000美元的高级服装，降至不足5000人。这种服饰消费两方面的逆向变化，最终导致了高级成衣的出现。此时，以法国著名的服装设计师皮尔 · 卡丹为代表，提出了“时装大众化”的口号，把设计重点从高级服装消费者放到了一般消费者身上（图4-4）。他首先在法国倡导转让设计和商标的经营方式，与具有高质量水准的生产者订立契约，利润提成7%～10%。这样，消费者可以以较低的价格购得名牌服装，使普通的人也能领略到时髦、高贵和华丽。虽然在当时，这一举措使卡丹饱受人们的批评、排斥、贬低和嘲笑，被同行们群起而攻之，甚至于被驱逐出巴黎女装协会，但他取得了空前巨大的成功，继而赢得同行的钦佩，乃至于纷纷效仿。随后高级成衣事业不断蓬勃发展，成为成衣领域中最具活力的生力军。

如今高级成衣RTW发布会已是世界五大时装中心每年两次时装周最为重要的内容。高级时装设计师同时也以二线或副线品牌的形式跻身于高级成衣行列，发挥着很大的引领作用，同时也是赢得商业利润的主要渠道，维护了高级时装的运转。

第二节 成衣的分类

如上所述，成衣有普通成衣或称大众成衣及高级成衣之分，它们分别有着不同的消费群体和市场。

一、大众成衣

大众成衣（又叫普通成衣）是在高级时装和高级成衣的引导下，设计生产出的实用的、符合大多数消费者需要的服装。它在一定程度上体现了高级时装所表达的流行倾向，但淡化了其中夸张的部分，选用一般面料，机器化批量生产而且价格便宜。大众成衣多由一般的服装厂家和公司的设计人员针对大众（可以细化为具体的大众群体）设计的（图4-5）。此类成衣中既包括那些随流行趋势变化而设计生产的时装，也包括那些不太受流行趋势左右的，经长期约定俗成的，受大众欢迎的，相对稳定、成熟、固定的服装，如基本款的衬衫、牛仔裤、风衣以及夹克等。

大众成衣具有自己的特点，如机械化大批量生产；具有完善的尺寸号型标准序列；价格便宜，适合普通消费者购买水平；创造性地选用便宜的材料和生产技术，将高端市场著名设计品牌流行趋势转化为普通成衣；创造的同时要努力迎合消费者品味水平。普通成衣设计师的灵感不能只依赖于T台设计师的引领，还要善于把握服装消费市场的动态和消费者的内心需求，从衣食住行乐多个领域获得设计灵感。

美国纽约在世界五大时装中心的特色定位就是引领世界大众成衣潮流；中国福建省石狮市拥有最大的大众成衣市场。

图4-5　大众成衣

二、高级成衣

高级成衣界于高级时装和大众市场成衣之间，诞生于20世纪60年代，是对高级时装下行的转化，为其赋予了特定的尺寸标准序列，消费者可以直接从小型时装专卖店以及高级购物中心购买。与高级时装相比，高级成衣价格低了很多，虽然不是个性化定制服装，但在设计、细节和后整理等方面仍给予高度重视，保留了高级的品质。高级成衣总体上具有简约的造型结构，其线条或干净利落，或婉约流畅，迎合了更多的处于中产阶层消费水平顾客的要求，具有旺盛的生命力（图4-6～图4-8）。目前大多数从事高级时装定制的设计师都拥有自己的高级成衣二线品牌，高端设计师的高级成衣同样分化为若干系列，有针对性地细分消费群体，其价格中高，层次不等。当今大多数设计师时装品牌都属于高级成衣范畴。在世界范围具有代表性的著名高级成衣品牌有Chloe、Gucci、Ralph Lauren、Burberry以及Giorgio Armani等。

以Giorgio Armani为例，我们可以看到这位设计师名下拥有八个品牌线路，由高向低依次排列如下。

① Armani Prive——高级定制服。

② Giorgio Armani——高级成衣。

③ Armani Collezioni——高级成衣（顾客是不爱追逐潮流、注重高品质的成熟男性和女性）。

图4-6　Gucci 2012春夏时装

图4-7　Chloé 2013春夏时装

图4-8　Burberry 2013早春系列

④ Mani——女装成衣。

⑤ Emporio Armani——成衣（为年轻人设计的副线品牌）。

⑥ AJ Armani Jeans——休闲服及牛仔服。

⑦ A/X Armani Exchange——休闲服。

⑧ Armani Junior——童装。

现如今，高级时装发布会仍仅限于在法国巴黎每年举办两次，而高级成衣发布会则是在世界多个国家和地区的时装周举办，具有影响性的有纽约、伦敦、巴黎、米兰、东京时装周（表4-1）。

表4-1 发布会时间表

月份	发布会	季节
1月	高级时装发布会（巴黎）	春/夏
2、3月	成衣发布会（各地）	秋/冬
7月	高级时装发布会（巴黎）	秋/冬
9、10月	成衣发布会（各地）	春/夏

第三节 成衣运营的一般规律

成衣从设计到生产，再到销售，整个过程被视为一个完整的运行周期，它是以季节更迭变换的规律为依据而自然形成的。从传统的角度来看，成衣通常以春夏季和秋冬季操作运行。以欧美服装运行规律为例，每年的3月、4月和9月、10月是贸易繁忙季节，面料及服装博览会大多都在此时间段举办。通过博览会及各种订货会的形式，面料和服装的生产部门接受来自国内外客户的定单，开始组织各自产品的批量生产。与此同时，成衣也开始投放市场。

在20世纪90年代中期，“快时尚”运动打破了传统的一年两季概念，而以更短、更快的周期进行，并为市场提供了物美价廉的时尚产品。具有代表性的快时尚零售商，如H&M、Zara和Topshop等，每几个星期就必须推出新的流行系列，以适应服装市场快速变化的情况，这也是控制库存的更为有效的方式。许多设计师和高端零售商开始注重提前1～2个月在主要的时装T台发布会前进行产品预发布。

虽然快时尚成衣的运行在控制库存、适应市场变化方面具有一定的优势，但同时也给人们带来快节奏生活下的压力和不安，带来某种资源的浪费，因此只是作为一种成衣运行模式存在，而长期以来形成的成衣两季运行规律仍然占据主导地位并被广泛的认可，它使人们的生活保持一种适中和稳定的节奏。

一、成衣一般时间运行事项

成衣一般是按照一年分春夏季和秋冬季的运行为周期的，具体时间及所要运行的事项如下。

（1）1月、2月选定下一年春夏季花色品种。

（2）2月、3月商业大拍卖，处理库存。

（3）3月、4月发布下一年春夏季面料及下一季秋冬季时装。

（4）4月、5月印染生产旺季。

（5）5月、6月制衣旺季。

（6）6月、7月选定下一年秋冬季花色品种。

（7）7月、8月商业大拍卖，处理库存。

（8）9月、10月发布下一年秋冬面料及下一季春夏季时装。

（9）10月、11月印染生产旺季。

（10）11月、12月制衣旺季。

成衣零售商则将一个季节分为三个阶段，产品全价销售阶段、产品降价销售阶段以及产品处理价销售阶段。把握一个产品的生命周期是十分重要的。如果服装产品销售得好，需求继续，零售商需要生产商立即补货，并根据实际情况，以适当的比例延续至下一季成衣订货；当销售不乐观时，则必须想办法清货（图4-9）。

图4-9　7、8月的商业大拍卖，处理成衣库存

二、快时尚成衣年运行时间

快时尚成衣的运行讲求的是对时装市场需求的快速反应能力，因此必然导致对季节时间更为细致的划分（表4-2）。

表4-2　快时尚成衣年运行表

季节的划分	对应的时间表	季节的划分	对应的时间表
早春	1～2月	夏秋季节过渡	7～8月
春	2～3月	秋	9～10月
初夏	4～5月	深秋	11月
夏季	6月	秋冬季过渡	12月
盛夏	7月	冬季	12～1月

三、一般成衣设计生产过程

成衣设计生产过程被分为以下主要节点。

（1）调研流行趋势（主题、色彩、面料、造型、款式及细节）。

（2）确定设计主题系列，发展成衣产品设计。

（3）订购样品面料和辅料。

（4）服装设计的样衣制板与扩展。

（5）总体协调与发展。

（6）样衣裁剪与制作。

（7）发布会最终样衣的选择。

（8）接受订单及生产成本核算。

（9）最终产品的修改与制作。

（10）样板按销售尺码推挡。

（11）订货服装产品批量生产。

（12）质量控制与产品检验。

（13）包装与运货。

第四节 成衣类服装设计

成衣类服装设计不同于高级时装和艺术类表演性时装设计，有其自己独特的原则和规律，成衣设计受到来自群体性、实用性、价格性、生产性等更多方面的限制。因此，作为一个成衣设计师所考虑的问题比较多，受到更多的限制，不能自由发挥。

一、成衣类服装设计的特点

成衣类服装设计的特点来源于成衣的基本特性，其要求可以批量生产、购买即穿，并且价廉物美、适应面广等，由此而决定了成衣设计简洁、美观、大方和实用的基本格调，以及平中求异的设计特点。

二、成衣设计的两个阶段

（一）收集资料、汲取灵感，确定成衣设计主题与方案阶段

成衣设计一般都是以设计师团队进行的。团队的灵魂人物是设计总监，他对下一季服装的设计定位工作非常重要，起到统领作用。设计师包括时装概念设计师（也指设计总监）和一线设计师（也称为服装款式设计师），一线设计师依照设计总监所提出的设计概念和主题，扩展成衣设计。两者的区别就在于他们分别从事于两个不同阶段的设计工作，第二阶段的成衣款式设计是以第一阶段成衣的概念设计为前提而进行的。

确定成衣设计主题，提出基本设计概念，首先要有设计灵感。获得设计灵感的途径很多，通常采取旅行、参观博物馆、浏览当代及以往画家的作品、聆听古典和现代音乐、品尝美食、关注特殊新的事物、吸收新的文化等。设计师从中寻找到所需要的若干灵感，采用设计草图的形式将它们表达出来。往往需要对好几个灵感的尝试，才能最终确定出下一季成衣设计的主题，包括廓型、色彩、肌理、面料和裁剪的初步设想。当然设计灵感不仅来自对事物的感悟，也要依赖于流行信息咨询与市场调研。

（二）成衣主题系列的设计表达阶段

进入到成衣设计的第二个阶段就意味着对第一阶段所确立的服装设计概念及设计主题方案的款式表达与扩展。这是服装设计师团队协同合作共同完成的。此阶段的设计不仅有明确设计方向上的框定，而且还有成衣设计价格控制方面对设计（面料、款式、工艺等）基本要求的限制。虽然如此，却仍然要求设计师尽可能打开思路，并保持设计思维的连续性，以设计草图的形式设计成衣并不断演变延展。通常一个设计点或款式可以发展为几十个款式；一个主题可以延伸出上百个款式草图或更多。最终样衣款式是在丰富的设计草图中甄选并经修改完善后确定下来的。

三、成衣类服装设计的基本要点

（一）充分掌握流行信息和目标消费者心理

在成衣产品明确定位的基础上，充分了解目标消费市场的动态，把握好目标消费群体的消费心理，这是关系到成衣设计能否取得成功的关键性的问题，这一点与表演性服装有着很大不同。因此需要进行市场调研，周密、深入的市场及流行趋势的分析研究，包括对服装市场以及与时尚相关的信息进行实地及网络的调研；从色彩、面料、造型各方面分析影响时装变化的社会因素；将时装设计、服装史知识与消费者的信息相结合。

（二）把握好成衣设计的价位

进行服装造型及款式设计、结构设计、工艺设计、细节配饰设计、面辅料选择的一系列整体设计过程中，要自始至终保持冷静的经济头脑，始终考虑到服装的成品价格、产品服务群体相应的购买力以及市场竞争的问题。尽可能做到在保证基本外观要求的前提下，减少款式和工艺的复杂性和面料的用量，并能够巧妙地选用替代品降低服装的成本。一般成衣的成本价是出厂价的一半，出厂价是批发价的一半，批发价又是市场零售实价的一半。可以以价格反推的方法把握成衣设计诸要素的选配。此外，还要有另外两个价格比的概念，即上一季流行的服装价格与继续上季流行服装价格之比为3 ∶ 2；上一季流行的服装价格与本季新设计的服装价格之比为2 ∶ 3。

（三）成衣设计要体现美观、大方、新颖、实用、简练及舒适的原则

美观、大方、新颖、实用、简练及舒适是成衣设计的原则，要做到这些，就必须注意以下几方面。

（1）不要画蛇添足地随意加东西。

（2）不但款式好看，穿着者穿着的效果也要好看。

（3）能与身体融合在一起，而不是哗众取宠。

（4）不能一味地追求某种造型或艺术效果而忽视服装的功能性（图4-10）。

Calvin Klein

图4-10 体现美观、大方、新颖、实用、简练及舒适原则的成衣设计

（四）具有把控服装面料的能力

面料是服装设计三要素的重要组成部分，作为成衣设计师，要具备一定的能力，如丰富的关于服装面辅料的基本知识；充分了解服装面辅料的流行趋势；掌握流行面辅料以及配饰的花色品种、价格、性能和特点；熟悉面辅料生产厂家、供货商及销售市场，保证设计出来的服装能立即投入生产，而不能出现找不到相应面辅料和配饰的情况。

（五）善于借鉴并转化为高级服装设计

把引导时装流行的信息（高级时装及大师的作品）转化成大众所能接受的东西，是成衣设计师需要掌握的重要本领。这里所指的“转化”包含以下三层意思。

1. 款式的转化

款式的转化即将夸张的、艺术化表现的复杂的廓型及款式加以弱化、简化、实用化处理。

2. 材质的转化

材质的转化即将高级的、精致的面辅料包括服饰配件等加以降低品质和简化处理。

3. 工艺的转化

工艺的转化即将复杂、讲究的制作工艺加以简化及普通化处理。

图4-11与图4-12是高级时装与大众成衣在同年度中的两组作品，对比观察可以很明显地看出，后者对前者POP风格特点（色彩、图案、款式和面料）进行了很好的演绎，既体现出了流行趋势，又具有更好的实用性，赋予了物美价廉的特点。

成衣设计师也可以巧妙地采取印花和降低材质价格的方式演绎高级时装饰品的流行趋势（图4-13、图4-14）。

图4-11　高级时装CD品牌2005春夏时装发布会作品

图4-12　体现高级时装流行信息的大众时装

图4-13　高级时装的多层串珠饰品

图4-14　以物美价廉的形式，转化为成衣装饰

（六）善于进行服装的局部变化设计

人们日常穿用的成衣款式之间都有着造型及结构上的联系，因此，成衣设计往往是在一些基本要素的基础上进行的，是在细节中取得变化的。我们可以较多地着眼于服装内部款式细节的变化以及色彩和面料的变化。图4-15展示出成衣设计局部变化的特点。图4-15（a）直接在青果领女式短外衣的基础造型上，于袖口和腰部添加了系扎布带的细节设计，使整体服装产生了变化与新意；图4-15（b）将普通的衣裙加宽悬垂，配上一根腰带强化其变异的设计效果；图4-15（c）和图4-15（d）是在基础裙形上，一个是用两根拉链处理省道，另一个是用折叠的方式处理裙身，产生简洁大方、新颖别致的视觉效果；图4-15（e）在裙摆上进行了前短后长的处理，选用了肌理效果明显的面料，富于成衣以灵动的设计感。

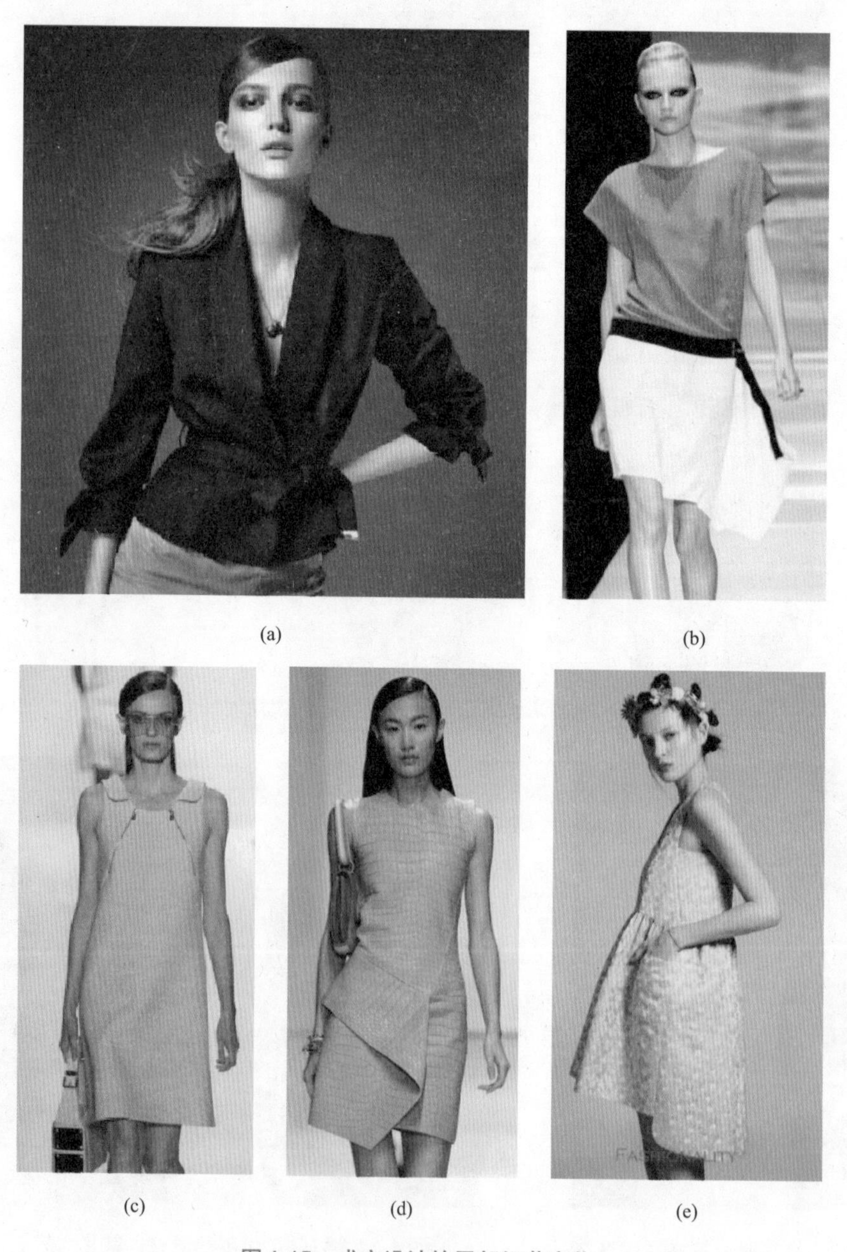

(a) (b)

(c) (d) (e)

图4-15 成衣设计的局部细节变化

（七）善于采用组合、复合的方式进行设计

图4-16　Marc Jacobs 2013春夏混搭风格的设计作品

组合与复合的设计方法也被称之为“混搭”，这是一种创新设计的手法，适合于各种类型的服装设计，只是混搭的方式与程度会有所区别。成衣设计的混搭多体现在面料和款式细节上，具有容易让人接受的特点。图4-16是Marc Jacobs 2013春夏推出的混搭风格作品，整套服装款式简洁大方，采用复合印花图案的面料（将不用图形纹样有机地组拼印花而成的面料，或直接将不同印花面料进行拼接），形成丰富多彩的多层次外观效果；图4-17是一款作为内衣外穿概念风潮下的服装设计，采用了复合式的设计手法，在不破坏外衣总体视觉效果的前提下，在成衣的背部植入了内衣的吊带元素，产生平中见奇、新颖别致的效果；图4-18是Only品牌2012秋冬面料材质混搭成衣设计的典型案例。厚实的毛呢面料与带有光泽的皮革面料相拼合，给此款成衣外套注入了新鲜的活力；图4-19中，设计师将上衣与背心两个款式合二为一进行设计，看似普通，却富于新意。

图4-17　内外衣款式元素混搭设计的成衣

图4-18　Only品牌2012秋冬材质混搭的成衣设计

图4-19　上衣与背心复合而成的服装

（八）把握新一季成衣的设计布局

新一季成衣的设计布局是由三大块内容构成的，即上一季好卖的或流行的服装款式、类似上一季的好卖的或流行的服装款式、全新的服装设计。这三者间的比例一般把握在3∶3∶4。图4-20和图4-21分别是Only品牌2012及2013冬季推出的两组羽绒服。虽然设计布局的第一块内容在这里看不到，但加以比较，可以清楚地看到2013年的羽绒服款式

与上一年的款式在成衣的风格、廓型、长度、色彩及绗缝宽度等方面都相当程度上保持着延续和渐变的关系。同时也可以看到2013年羽绒服的新款特点：第一，拉链的装饰性表现（上一年多为隐约式）；第二，腰带的收束处理（上一年腰部为自然形态）；第三，双层叠领（兜帽）的设计（上一年多为立领、单层领）；第四，橙色的隐退，白色的出现。这种现象再一次说明了成衣设计局部变化的特点。

图4-20 Only品牌2012冬季推出的羽绒服

图4-21 Only品牌2013冬季推出的羽绒服

（九）把握成衣主题系列化设计的特点

成衣设计多为主题系列设计，每一季通常推出一个总的主题概念，围绕主题概念会延展出2～3个分主题。分主题之间有着各自的区别，但同时彼此间也会有某种内在联系。成衣主题系列化设计的特点有以下几个。

（1）注重主题风格、色组和面料的统一配置，在款式变化中呈现出丰富的搭配形式。

（2）主题之间往往通过某种色彩或某种材料、某种装饰细节等彼此介入、呼应，从而产生联系。

（3）主题系列设计的成衣之间可以做单件自由搭配，消费者可以结合自己的衣橱现状和个人爱好，组配和选购新款成衣。

图4-22是Brian Wood 2013春夏成衣系列设计作品，整体表达了“迷彩丛林”的主题。印花面料与素色面料以各种比例搭配，分布于各个款式中，统一中富于变化。整个系列的成衣不仅可以遵照设计师组配的方式穿着，而且彼此之间还可以进行各种上下、里外、错套间的搭配，产生无穷无尽的款式效果，很好地诠释了成衣主题系列化设计的特点。

图4-22 Brian Wood 2013春夏成衣系列设计作品

（十）把握成衣品牌设计风格

如前所述，成衣有高级成衣和大众成衣之分，它们由品牌的定位所决定。因此，成衣设计的另一个重要特点就是把握和协调好品牌设计风格与流行、创新间的关系，高级时装设计亦是如此。在这个方面，著名的时装设计师卡尔·拉格菲尔德（Karl Lagerfeld）在执掌夏奈尔品牌的服装设计实践中为我们树立了杰出的榜样。他将夏奈尔风格很好地融入在每一季时装发布会的创新作品之中，引导着世界时装潮流（图4-23）。成衣设计需要很平静的

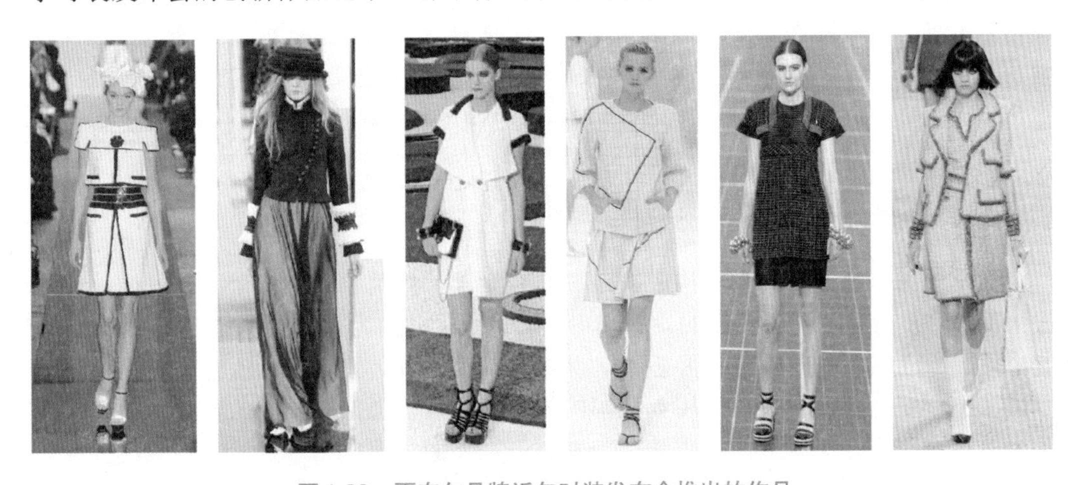

图4-23 夏奈尔品牌近年时装发布会推出的作品

思考，这个平静的思考不仅有前面提及的价格、目标消费群体和流行趋势等问题，还有对如何把握品牌设计风格的思考。设计师要善于处理自己的设计偏好和品牌风格的关系，将自己的设计喜好主动调整到品牌设计风格的框架之中，这也是成衣设计师所要具备的基本功。唯有如此，才能很好地融入到品牌设计团队之中，树立起一个完整统一的品牌形象。

第五节 成衣设计工作室

成衣设计工作室根据服装品牌的定位和规模的大小等因素，会呈现出各自不同的风格特点与布局，但基本功能性组成是大体相同的。毫无疑问，成衣设计工作室是设计师工作的地方，然而这样的说法并不全面。因为成衣设计工作室生产出的是供选样订货、展示宣传的样衣，是为成衣批量生产提供款样和技术支持的地方（图4-24）。

图4-24 成衣设计工作室的内部场景

一、成衣设计工作室人员的基本构成

成衣设计工作室人员是由服装设计师、样衣打板师和样衣工艺师共同构成的。其中以设计师为主导，打板师和工艺师都是为尽可能实现设计师设计意图而工作的，他们需要紧密地在一起工作。成衣设计工作室还需要有专门的模特，为设计师和打板师修改样衣而设定。

二、成衣设计工作室环境的基本构成

成衣设计工作室人员的基本构成决定了它有设计、打板和缝制几个工作区域，每个区域根据工作性质特点而配备相应的设备和用具。区域之间多为开放式，便于相互交流沟通。除此之外，还应有一个样品展示间（厅），为媒体、卖家和外发加工者观看样衣。

通常工作室的墙壁上安放一块大张幅的软木工作板，选定做样衣的设计款样图（标有配色和面料小样等相关信息）按主题分门别类钉在上面，用以指导打样，同时根据样衣生产情况，不断地在上面标注信息，有助于把控时间，掌握进度（图4-25）。

图4-25　成衣设计生产进程版

三、设计师工作单

每位设计师在设计服装款式的同时都要填写设计师工作单，其中包括设计款样的基本信息；能够指导生产部门进行成本核算的信息和具有直观效果的图样信息三大块内容。除此之外，还应填写与设计师工作单相应的服装工艺单，以指导样衣生产。

（一）设计师工作单包括的基本内容

1.基本信息

（1）服装款式名称。

（2）服装设计款号。

（3）销售季节。

（4）销售区域。

（5）销售对象。

（6）面料供货商。

（7）面料成分。

2.图样

（1）服装效果图或款式图和必要的文字说明。

（2）面料小样和必要的文字说明。

3.成本核算

（1）材料费：面料主料（幅宽、用量、单价、合计）；面料配料（幅宽、用量、单价、合计）；辅料配件（用量、单价、合计）；衬里、黏合衬、线、纽扣、拉链、腰带、花边、松紧带及商标吊牌（视具体成衣款式而有所不同）；总额。

（2）劳力费：裁剪工（制定样板、推挡、排料、裁断），缝纫工，熨烫工；奖金、保险；总额。

（3）其他：包装费、船运费、总额、直接成本、出厂价、备注。

（二）服装设计师工作单模板

服装设计师工作单模板见表4-3。

表4-3 服装设计师工作单模板

款式名称		款号		设计日期			
销售地区		消费对象		销售季节			
设计草图		纤维成分		色彩			
		价格		设计者			
		面料核算					
		面料	门幅	单价	数量	合计	供货
		主料					
		附料1					
		附料2					
		附件配饰核算					
面料小样		品类	单价	数量	合计	供货	
		缎带					
		拉链					
		纽扣					
		缝线					
		吊牌					
		劳动力费用					
总价		劳力支出	工时	价格	其他		
直接成本		打样					
出厂价		缝纫					
零售价		整理					
备注							

（三）影响服装加工费用（人力费）的主要因素

影响服装加工费用（人力费）的主要因素有以下几个方面。

（1）服装生产的批量。

（2）服装款式的复杂程度（有无衬里等）。

（3）服装的加工形式（代加工或经销，工资水平）。

（4）服装的基础成本（面辅料等的档次）。

（5）服装机械设备的折旧（新旧设备的不同）。

（6）服装生产管理人员的配置情况。

四、设计师工艺单

对于成衣设计师来说，一定要熟悉服装结构与制作工艺，这样才能保证设计款样能够被生产出来；才能与打板师和工艺师有很好的交流，保证设计意图的圆满实现；才能有效地控制成本。成衣设计师不仅要填写设计师工作单，而且还要能填写设计师工艺单。两者之间有着密切的联系和相似之处，只是前者侧重成衣款式成本的核算，后者则强调成衣的工艺规格。

（一）设计师工艺单包括的基本内容

1.基本信息

基本信息包括服装款式名称、服装设计款号、日期。

2.款式图

款式图包括服装正面款式图（标有必要的标识与文字说明）和服装背面款式图（标有必要的标识与文字说明）。

3.成品规格尺寸

成衣的品种丰富多样，有衬衫、外衣、连衣裙、裤子、背心、大衣等，款式更是千变万化，所涉及的规格尺寸也各不相同，因此成品规格尺寸的选取要视成衣品种及款式而定（表4-4）。

表4-4　女装上衣、裤子和连衣裙规格尺寸项目表　（单位：cm）

成衣品类	规格尺寸（项目）						
上衣	胸围	腰围	下摆围	肩宽	衣长	袖长	袖口（宽）
裤子	腰围	臀围	大腿围	前裆	裤长	裤脚（宽）	
连衣裙	胸围	腰围	臀围	肩宽	背长	衣长	袖长

4.面料

面料包括面料小样（必要的文字说明）和辅料小样（必要的文字说明）。

5.细节处理与工艺要求

对于一般常规生产的款式来说，此部分可以省略，而当成衣设计出现特殊的细节和用到特殊工艺时，则要用图形和文字加以标注说明。

（二）服装设计师工艺单（见表4-5、表4-6）

表4-5 服装设计师工艺单模板

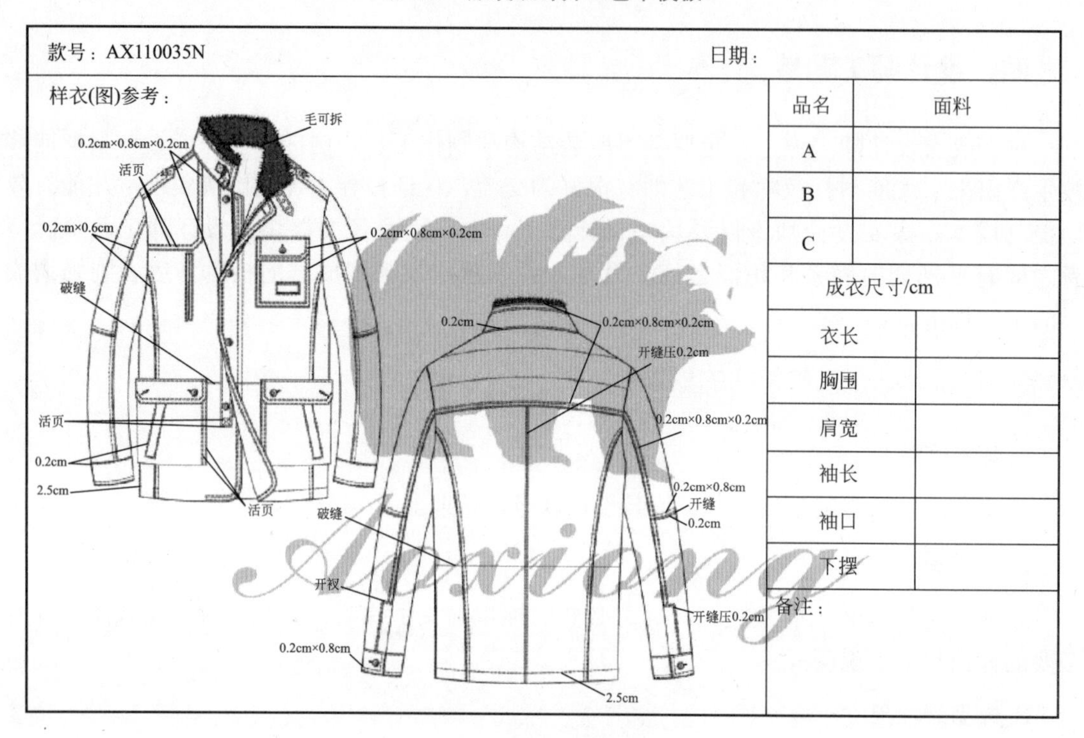

款号：AX110035N		日期：
样衣(图)参考：	品名	面料
	A	
	B	
	C	
	成衣尺寸/cm	
	衣长	
	胸围	
	肩宽	
	袖长	
	袖口	
	下摆	
	备注：	

表4-6 服装工艺单模板

生产工艺指示书							
款号	my09110921801	品名	抹胸及膝礼服裙	尺码	m	制单日期	2013.05
正背面款式图				规格尺寸/cm		面料描述	
				衣长	89	白、中蓝、藏蓝三色透明薄纱	
				胸围	85		
				腰围	64	面料粘贴处	
				臀围	70		
				背长	41		
				前胸宽	17		
				后背宽	18		
				第一层裙长	12.5		
				第二层裙长	12.5		
				第三层裙长	12.5	辅料描述	
				第四层裙长	12.5	透明防滑带、0.5mm包芯铝线	
				第五层裙长	12.5		
				第六层裙长	12.5	辅料粘贴处	
				第七层裙长	12.5		
				第八层裙长	12.5		
				第九层裙长	12.5		
				第十层裙长	37.5		
裙摆：	每层裙摆间距相同，包芯铝线固定裙摆形状						
备注：	拼接部分薄纱面料均为两层,上身里料同面料中的白色薄纱						

第六节 成衣创意设计方法

与艺术化表演类时装设计相比，成衣的原创性和艺术的夸张性要弱许多，但其生命发展的活力源于创意设计，只不过其表现方式有自己的特点，创意设计的方法有自己的规律。

通过比较分析研究，我们发现，成衣创意设计的方法与图案设计的类型和方式比较接近。图案设计有适合纹样、二方连续和四方连续等之分，这些既是对纹样的分类，同时也体现了带有明显限制性特征的创作方法。成衣创意设计正是在“限制性”特征上与纹样设计方法同构。所以，我们可以借用图案设计的概念术语展开对成衣创意设计方法的讨论。

一、“适合纹样”式的成衣创意设计方法

“适合纹样”指的是那些在特定形状框限下设计出来的图案，其素材经过加工变化，组织在一定的轮廓线内。适合纹样具有严谨与适形的艺术特点，要求纹样的变化既能体现物象的特征，又要穿插自然，其外形完整，内部结构与外形巧妙结合，形成独特的装饰美。图4-26（a）为汉代霍去病墓前的石雕“卧象”，是适合性创作品的典型案例。作品按照石材原有的形状和特质，顺其自然地加以雕琢，使卧象的造型与自然的石头浑然天成；图4-26（b）是敦煌的藻井图案，为典型的适合纹样；图4-26（c）是荷兰画家埃舍尔笔下的奇妙绘画，阴阳图形相互套嵌，互为轮廓。适合纹样在服饰上的运用也是不胜枚举（图4-27）。其中图4-27（a）为享有超现实主义服装设计师盛誉的夏帕瑞莉在服装造型结构限制下的创意图形设计；图4-27(b)是先秦限于环形造型下的龙形手镯；图4-27（c）是三宅一生服装受六边形外形限定的创意设计；图4-27(d)是清代皇帝的朝服，在特定区域内的适合图形设计。这种在限制下的设计，正是由于受到限制而具有了自由状态下设计所不曾有的魅力。

(a) 汉代霍去病墓石雕“卧象”

(b) 敦煌藻井图案

(c) 荷兰画家埃舍尔版画“日与夜”

图4-26　限制下的精彩创造

这种“适合性”的设计方法与成衣创意设计中的限制性特点相似。在这里，引用“适合纹样”的概念，实际上是取其广义“限制性”层面上的含义，而非狭义的形的限制。成衣设计的创意与高级时装艺术性创意的挥洒相比，受到较大的限制。其限制主要来自于成衣的基本性质，即实用性、功能性、日常性及通服性这种较大的消费群体性。此外还受制于成衣品牌的风格特征、流行趋势的驱引和技术水平等因素。

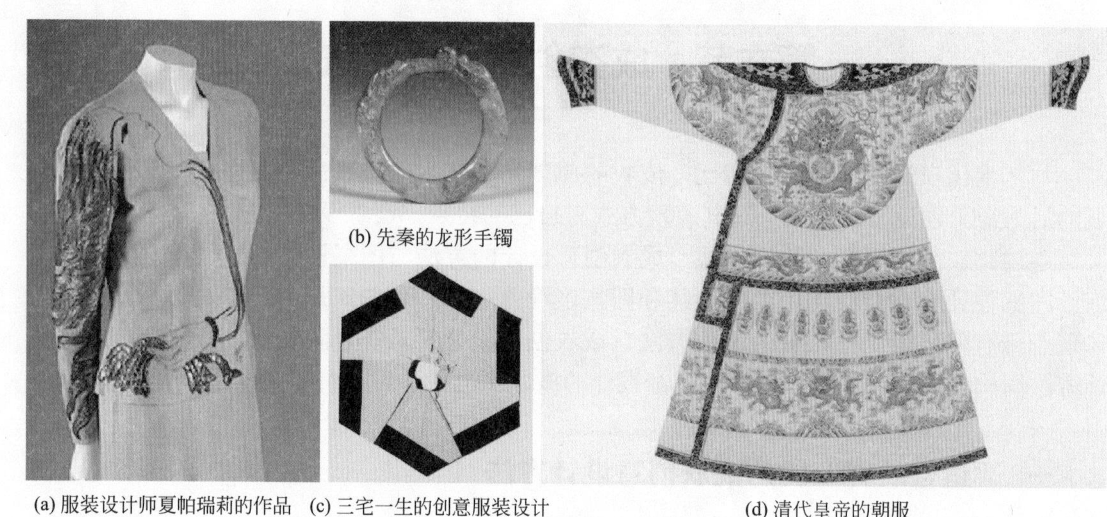

(a) 服装设计师夏帕瑞莉的作品 (c) 三宅一生的创意服装设计 (d) 清代皇帝的朝服

图4-27 适合纹样设计在服饰上的应用

（一）成衣基本性质框定下的创意设计

在从事成衣创意设计的过程中，注重对成衣实用性、功能性、日常性及通服性的关注和开发，往往能够有新的突破。图4-28是一款两种穿着效果的成衣，新颖别致。设计师充分考虑了长外衣的日常穿着实用性，保持基本造型，而在领口部分设计出一式两穿的款样，使成衣具有了创新的多功能性。图4-29是超大尺寸的衬衫式变化型上衣，用可收放调节腰带的束扎，充分体现出了设计师对成衣的“通服性”或称“普适性”特征的考虑，当然也同时考虑了流行趋势的因素。给人的感觉同样是新颖别致，实用大方。总之，成衣的基本性质对创意设计的限制很多，而在其限制下的创意设计是无限的和独特的，关键是要把握好“限制”，利用好“限制”，最终达到突破“限制”的创意效果。

图4-28 实用功能框限下的成衣创意设计

图4-29 “通服性”框限下的成衣创意设计

（二）品牌风格定位下的创意设计

成衣不仅有高级成衣和大众成衣之分，而且还有不同品牌风格定位之分，这对成衣创意设计起到重要的引导和限定作用。因此，成衣设计师必须能够将自己的个性融于品牌设计风格之中，否则就不能保持品牌风格的延续。品牌风格虽然相对固定，但随着时代的发展，也会有微妙的变化，特别是受到时尚流行的影响，这也正是成衣设计师需要很好把握住的。图4-30是米索尼（Mission）品牌2014春夏季推出的作品，设计师Angela Missoni将家族品牌的针织彩色条纹与流行面料和色彩重组，既凸显了品牌的传统风格，又呈现了单肩披绕的古罗马服饰的流行主题。

图4-30　米索尼品牌2014春夏作品

（三）流行趋势定位下的创意设计

作为成衣设计师，要使自己的创意设计步入流行的轨道或人们常说的具有时尚感，则需要时刻关注时尚流行动态，将流行信息消化溶解到成衣设计作品之中。通常会采用对T台上以夸张表现流行趋势的艺术形式进行弱化处理的方法，以进行适当转化。图4-31（a）是迪奥（Dior）品牌2004年推出的作品，以夸张的巨型尺度毛皮领的形式强调了这一流行趋势，而图4-31（b）是法国B.Bui品牌同期推出的成衣作品，大翻领的流行元素被以人们能够接受的程度呈现，但仍旧是整套成衣设计引人注目的重点。

（四）特定廓型限定下的创意设计

特定廓型限定下的创意设计属于“适合纹样”狭义概念的范畴，即在特定廓型限定下的成衣创意设计。从设计形式的角度来看，这种受限制的力度最大，设计师要针对特定形状面料的框定从事成衣创意设计，还要对预设的成衣特定廓形“做文章”。而正是由于这种特殊的限制，才造就出令人耳目一新的效果。图4-27（c）就是此种限定条件下的代表性设计案例，设计师依据正六边形的限制性特点，将服装设定为小斗篷，并巧妙地进行裁片的分割与领子的设计，效果奇特。图4-32是三宅一生品牌的高级成衣作品，服装经折叠后呈现出特定的平面几何形，其对设计的限制达到了极致，已不是手工设计与制作所能完成的了，必须借助计算机的辅助设计，让人称口叫绝。图4-33是意大利D&G品牌2012年推出的春夏高级成衣作品。设计师选用了方巾图案面料，其特定的方形与方

(a)

(b)

图4-31　流行趋势对成衣创意设计的影响

巾的边饰特点既给设计带来了很大的限制，但同时也带来了因势利导巧妙应用后的精彩创意感。

图4-32 特定廓形限定下的成衣创意设计

(a)

(b)

图4-33 D&G品牌2012春夏作品

二、“二方连续纹样”式的成衣创意设计方法

所谓“二方连续纹样”是指以一个或几个单位纹样，在两条平行线之间的带状形平面上，作有规律的排列并以向上下或左右两个方向无限连续循环所构成的带状形纹样（图4-34）。这里的成衣创意设计也只是借用此种纹样广义上“重复连续排列”的概念，强调成衣设计所具有的延续性、重复性特征。具体表现为成衣设计对流行趋势的延伸、对基本服装造型的延用以及品牌特点的保持和上季畅销作品的继续。

三、“四方连续纹样”式的成衣创意设计方法

“四方连续纹样”是指一个单位纹样向上下左右四个方向反复连续循环排列所产生的纹样。纹样的组织形式分为散点式、连缀式和重叠式，连接的方式有对接和跳接（图4-35）。

图4-34 二方连续中的十字挑花图案

图4-35 四方连续图案（对接）

这里主要取四方连续纹样广义概念上灵活多变的排列组合方式来说明成衣设计中通过排列组合方式进行创新变化的方法。此种方法尤其是对流行元素的组合应用上有很大的优势，成为成衣设计重要的创意设计方法。

进行成衣设计，第一步是要掌握流行趋势，从众多的流行信息中归纳提取出基本的流行元素，包括流行廓型、流行色、流行面料、流行款式及流行细节，以符号的方式加以标注，然后将品牌风格元素加入其中，与这些流行要素一起进行各种形式的组合。这是一种既简便又有效的方法，可以得到众多的体现流行趋势和品牌特征的成衣设计。具体用符号的形式演示如下。

1.对流行元素的提取

对流行元素的提取可以从以下6个方面来进行，为了方便，可用以下数字和字母来代替。

（1）流行廓型（2～3个，用大写字母表示，即ABC）。（2）流行色（4～5个，用小写字母表示，即abcde）。（3）流行面料（4～5个，用阿拉伯数字表示，即12345）。（4）流行款式（4～5个，用圆圈阿拉伯数字表示，即①②③④⑤。（5）流行细节（2～3个，用方括号阿拉伯数字表示，即[1][2][3]。（6）品牌风格元素（1～2个，用五角星图形表示，即★★′）。

2.对提取的流行元素进行各种组合

按照上述影响流行元素的6个方面的代指符号和数字，可进行以下组合。

A+a+1+①+[1]+★；　B+a+1+①+[1]+★；　C+a+1+①+[1]+★；
A+b+1+①+[1]+★；　B+b+1+①+[1]+★；　C+b+1+①+[1]+★；
A+c+1+①+[1]+★；　B+c+1+①+[1]+★；　C+c+1+①+[1]+★；
A+d+1+①+[1]+★；　B+d+1+①+[1]+★；　C+d+1+①+[1]+★；
A+e+1+①+[1]+★；　B+e+1+①+[1]+★；　C+e+1+①+[1]+★；
A+a+2+①+[1]+★；　B+a+2+①+[1]+★；　C+a+2+①+[1]+★；
A+b+2+①+[1]+★；　B+b+2+①+[1]+★；　C+b+2+①+[1]+★；
A+c+2+①+[1]+★；　B+c+2+①+[1]+★；　C+c+2+①+[1]+★；
A+d+2+①+[1]+★；　B+d+2+①+[1]+★；　C+d+2+①+[1]+★；
A+e+2+①+[1]+★；　B+e+2+①+[1]+★；　C+e+2+①+[1]+★；

以此类推，可以得到难以计数的组合结果，更何况以上的排列组合分别只选用了一种色彩和一种面料，而实际上整套成衣的设计通常有2～3种色彩和面料搭配构成，再将这些因素融入其中，所能获得的排列组合数更是达到不可思议的程度。当然，采用四方连续灵活多变的排列组合方式得到的结果可以保证成衣设计的流行性和品牌的风格，但并不一定所有效果都好，所以还要以独到眼光从中挑出精彩的款式。再在此基础上，进行认真的调整修改，使之具有理想的效果。图4-36是一组LILY品牌2011年秋季推出的服装。从中可以清楚地观察到基本廓型、色组、面料组、款型组、细节配饰和品牌基本风格特点要素间丰富多彩的组合排列与灵活变化，具有强烈的整体感、趋势感及品牌形象感。在这一点上，成衣设计师就像一个“搅拌机”的角色，他不是在创造崭新的服装流行元素，而是在创造新的流行元素的组合方式。

图4-36　LILY品牌2011年秋季推出的服装

四、“解构重组”的成衣创意设计方法

流行趋势和品牌风格特点的服装设计构成要素间的排列组合与“重组”有着密切的联系，而此处则重点阐述“解构+重组”创意成衣设计的方法。所谓“解构”，指的是把原结构肢解还原成每个局部的基本原始单位；“重组”就是把原结构肢解还原成每个局部的基本原始单位后重新组合，构成一个全新的、不同于以前的新物体。

对于服装设计来说，“解构重组”是将原本与服装创意设计主题相关的事物，包括服饰所具有的完整、固定的结构形式进行分解，之后再将其解构出的要素经过选择，进行重新组合搭配，产生出崭新的服装面貌。”

图4-37是一组采用“解构重组”方法完成的成衣创意设计作品，其中唯有图4-37（a）是例外。设计师仅采用了“解构”的方法，将传统的风衣（大衣）造型肢解为超短的式样，打破了原本约定俗成的固定模式，产生出新颖独特的款式，而未与其他要素进行重组。可见，单独使用解构的方法从事成衣创新设计，往往是以颠覆传统或经典款式为其表现特征的。图4-37中的其他四款则是“解构”与“重

(a)

(b)

(c)

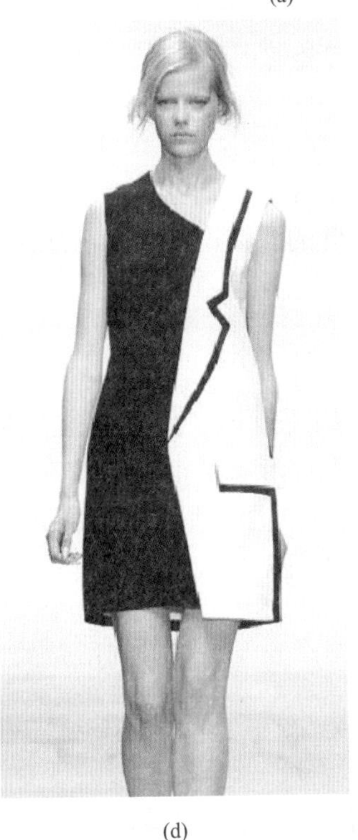
(d)

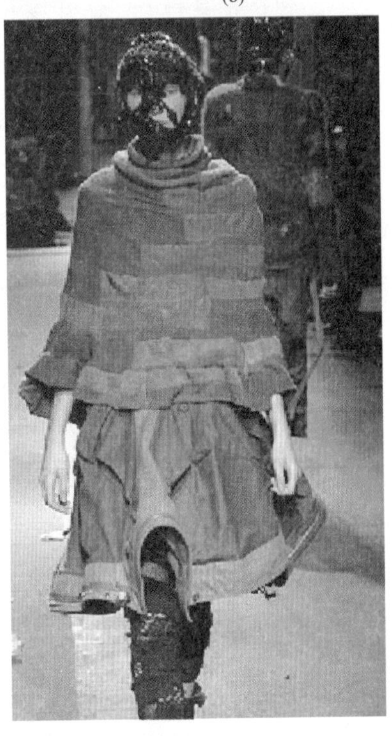
(e)

图4-37　采用“解构重组”方法而成的成衣创意设计作品

组”两者的结合，产生出的效果更为丰富多彩。值得注意的是，重组所选择的元素可能是比较单纯、类型比较一致的，如图4-37（e），设计师对军猎装进行了解构处理，提取了其中领子、下摆、口袋、衣边及拉链等局部的细节元素，包括典型的军猎装色彩元素，并将这些元素重组，创造出了具有浓重军旅风貌和崭新外观的服装作品；也可能是比较复杂，多种类型，甚至于有一定的对比感。如图4-37（b），设计师肢解并提取了中国清代女子服装门襟及衣摆处的典型衣边装饰元素，将其与西式外套款式相组合，给服装注入了中西服饰元素对比碰撞后产生出来的活力，富有震撼的视觉效果；图4-37（d）将两种不同类型的服装各取一半进行组合，对比效果也比较强烈；图4-37（c）则是一款注重解构重组形式美感的设计。解构重组的设计方法，虽然相对创意设计的自由度较高，但对于成衣设计来说也不能随心所欲，还是要符合成衣的基本性质特征，把握好适合的度。

总之，成衣创意设计在共享服装设计基本原理、规律和方法的基础上，还具有鲜明的体现成衣性质的限制性特征。

第七节 品牌服装设计与教学案例

一、基本概念

（一）品牌

品牌是指具有一定认知度和完整形象并有一定商业信誉的产品系统或服务系统，是一个完整的组成商品形态或服务形态的商业形象。

（二）品牌服装

品牌服装是指具有一定市场认知度的、形象较为完整的并有一定商业信誉的服装产品系统。通俗来说，即以品牌理念经营的服装产品。品牌服装与非品牌服装的区别就在于品牌风格的延续与创新。

（三）品牌形象

体现品牌总体面貌的完整的架构，包括产品形象、宣传形象、卖场形象和服务形象。产品形象是指产品的面貌和风格；宣传形象是指通过媒体展示给公众的品牌信息；卖场形象是指品牌产品销售场地的环境与格局；服务形象是指品牌的售前售后服务的状态。

（四）品牌服装设计

围绕品牌理念、品牌定位、品牌形象及品牌方向所做的系列化服装设计即品牌服装设计，具有以下三大特征。

1. 完整性

完整性包括总体设计方案的完整性（服装产品计划、产品框架、故事版、产品设计）和具体成衣设计的完整性（产品编号、款式造型、款式细节、配色方案、面料方案、装饰方案、尺码及工艺要点等)。

2.规范性

规范性是指建立统一可行的游戏规则，强调各个团队之间运作上的配合。

3.计划性

计划性指严格执行以时间节点为纽带的工作计划，包括产品系列的设定和设计方案的设定（市场调研、产品设计、面辅料订货、样衣试制与展示等)。

二、品牌服装设计的要点与着眼点

(一)品牌服装设计的要点

品牌服装设计的要点与成衣设计要点大体相当，只是强化了品牌意识和品牌风格。

(1) 保持品牌总体风格，延展品牌服装元素。

(2) 融入时尚元素，突出流行主题。

(3) 系列设计，统一中求变化。

(4) 服装彼此间可互配混搭。

(5) 与上一季保持一定的联系。

(6) 新的变化（新的材料、装饰细节等)。

(二)品牌服装设计的着眼点

此处的“着眼点”是针对服装专业学生模拟学习特点而提出的，目的是强化学生成衣设计中的品牌意识。首先要让学生进行品牌调研，具体着眼于以下几点（图4-38)。

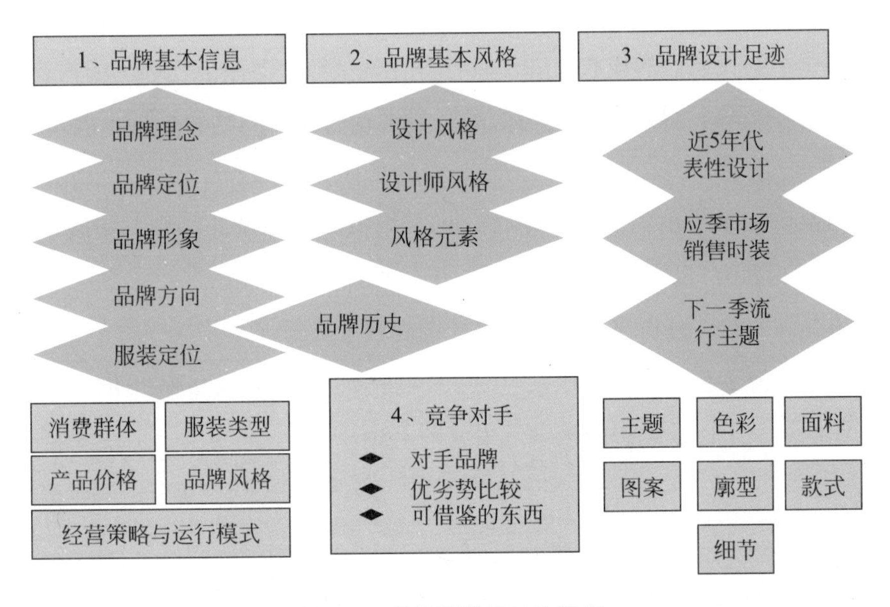

图4-38 品牌服装设计着眼点

1. 品牌基本信息

品牌的基本信息包括品牌理念、品牌定位、品牌形象、品牌方向、服装定位。

2. 品牌基本风格

品牌的基本风格包括设计风格、设计师风格和风格元素。

3. 品牌设计足迹

对品牌设计足迹的关注包括近5年代表性设计、应季市场销售时装和下一季流行主题。

4. 品牌竞争对手

获取竞争对手的信息包括对手品牌、优劣势比较及可借鉴的东西。

三、品牌服装设计教学案例

（一）品牌模拟设计训练目的

通过品牌模拟服装设计训练，提高学生对品牌服装设计的认识，使学生对国内外一些著名的服装品牌和设计师有一定的了解，强化学生的成衣设计意识以及品牌意识，全面提高学生品牌成衣设计水平。

（二）品牌模拟设计训练内容与要求

（1）选择一个有代表性的成衣品牌，有针对性地按照“着眼点”列出的内容对其调研，形成该品牌调研资料集，并对所收集的信息资料进行整理、归纳和分析，撰写品牌分析报告（500字以上）。

（2）按该品牌应季推出的流行主题（3个），模拟该品牌设计风格，拓展设计3个系列的应季服装（各20款），以彩色平面结构图的形式加以表现。

（3）将该品牌资料、分析报告及模拟设计图等整理成册（A3尺寸）。

以下案例是上海工程技术大学服装学院2014届学生于晶完成品牌PRICH的成衣设计训练的完整作业，达到了比较理想的教学效果（图4-39）。

品牌服装设计

091110113
于晶

（1）

PRICH

目录catalogue

一、品牌基本信息
1.品牌简介
2.品牌定位
3.品牌形象
4.消费群体
5.价格、款式、面料

二、品牌基本风格
1.品牌基本风格
2.风格元素

三、同类品牌对比
同类品牌及竞争
优劣势比较

四、品牌设计足迹
1.应季市场销售服装
2.2014～2015年秋冬企划

主题概念
色彩
面料
图案
廓型款式
细节
品类构成
系列效果图

（2）

图4-39

PRICH

品牌简介及品牌定位

品牌简介：

ELAND依恋旗下的品牌，PRICH是经典美国风。PRICH是Pride(自豪)和Rich(富裕)的组合词，品牌汲取传统美国经典风格的精华，重新诠释现代简约的美式经典风格，更满足年轻女性工作、休闲及其他各类场合的服装需求，表现自信感和富足感

品牌定位：

专为22～32岁的年轻职场女性而设计，更集中针对25～27岁的都市白领女性。转变学院派女孩的稚气，展现都市职业女性自信的气质和干练的形象，体现时尚现代的多样化生活方式

（3）

PRICH

品牌形象　　消费群体

PRICH以都市女性具个性化的设计为重点，表现女性的现代感以及自信中不失温柔理性的特性。

职业：行政人员

款式方面：以简单利落及时尚得体为主，配合绣花、印花图案及充满美感的剪裁，尽显女性线条的优美，净色的基本服饰配以衬衫及针织服装

（4）

PRICH

款式、价格、面料

价格区间：	关键款式：	主辅面料：
398～798	针织上衣	棉、涤纶、羊毛等
998～1598	长袖针织连衣裙	棉、涤纶等
1580～2980	风衣	涤纶、聚纶等
998～1580	小西装	涤纶、聚纶等
898	裤子	棉、涤纶、聚纶等

（5）

PRICH

品牌基本风格

1.MODERN MARINE摩登海洋系列

适应人群：20～30岁女性

系列风格：Daily Line

本系列是PRICH的鲜明象征，以Navy(海军)Look为核心设计风格，力图展现女性的独特神秘感；以Luxury Cruise(豪华游轮)Look为延伸设计风格，以都市女性的优雅品位诠释感性的生活观。同时，彰显OL高贵气质，更展现女性的曼妙身姿

2.MODERN RESORT休闲度假系列

适应人群：20～30岁女性

系列风格：Weekend Line

本系列与典型的度假风格不同，在Resort Look中注入JET-SET Look设计理念，演绎优雅帅气的中性风，融合优雅与率性，糅合摩登与个性，巧妙展现女性细腻的内心世界和精致华美的外形。通过格纹、印花等时尚元素结合简单利落的款式，展现OL多样化的生活方式

（6）

图4-39

PRICH

品牌基本风格

3.YOUNG MARINE 青春海洋系列

适应人群：20岁左右年轻女性

系列风格：Marine

本系列区别于摩登海洋风，将“微海洋”概念渗透在这一系列中，以活力感传达青春的设计内涵。为满足年轻OL的时尚需求，选用多种绚丽色彩的组合，给人耳目一新感觉，突出青春靓丽的年轻美感

4.YOUNG RESORT 青春度假系列

适应人群：20岁左右年轻女性

系列风格：Resort

本系列区别于休闲度假系列，运用休闲梦幻的视觉美感为品牌注入全新活力，设计更趋年轻化，满足年轻OL的时尚需求，既能塑造专业形象，又可展现青春活力

（7）

PRICH

风格元素

PRICH大体分为海洋系列和骑马系列两个风格。海洋系列主要以蓝、白、米三个颜色组成，彰显出高贵的女性气质，把女性曼妙的身材凸显出来，简洁大方的款式和颜色成为都市女性喜爱的服饰风格。骑马系列主要心灰、黑、白三个颜色为主，突出女性青春靓丽的美感

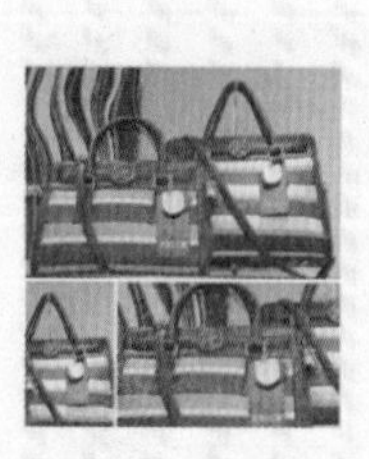

（8）

PRICH

同类品牌及竞争优劣势比较

	PRICH	scofield	Ochirly	Lily
风格	经典美式	英伦浪漫风情	淑女摩登	商务时装
人群	22～32岁的年轻职场女性	25～40岁女性	25～40岁的时代女性	25～30岁时尚白领
国家	韩国	韩国	中国	中国
主要优势	企业形象与口碑好	尊贵奢华质量高	服务专业、细致	紧跟时尚
劣势	无旗舰店	在国内知名度较低	价格稍高	品牌文化积淀时间短

（9）

PRICH

应季市场销售服装

（10）

图4-39

PRICH

品类构成及价格 2014～2015秋冬

1280.00 1080.00 1580.00 2580.00 1988.00 980.00 2580.00 780.00

1780.00 1580.00 1580.00 1200.00 1780.00 2280.00 798.00 798.00

798.00 798.00 1280.00 580.00 358.00 1280.00 580.00 780.00

580.00 780.00 980.00 580.00 358.00

（11）

（12）

PRICH　　微海洋　概念版　　2014～2015秋冬

或许我们本来就是被海放逐的生命，虽然登上了陆地，但对于那片深蓝仍有着某种归属感，与海在一起，才更懂得生命幸福的意义

关键词：
简约、活力、修身、拼色

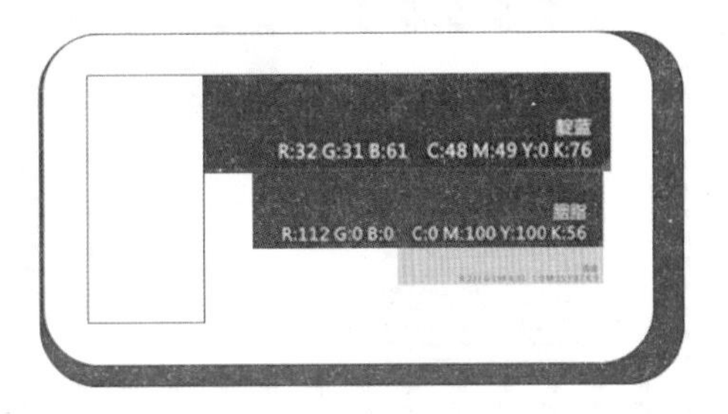

（13）

PRICH　　微海洋　　2014～2015秋冬

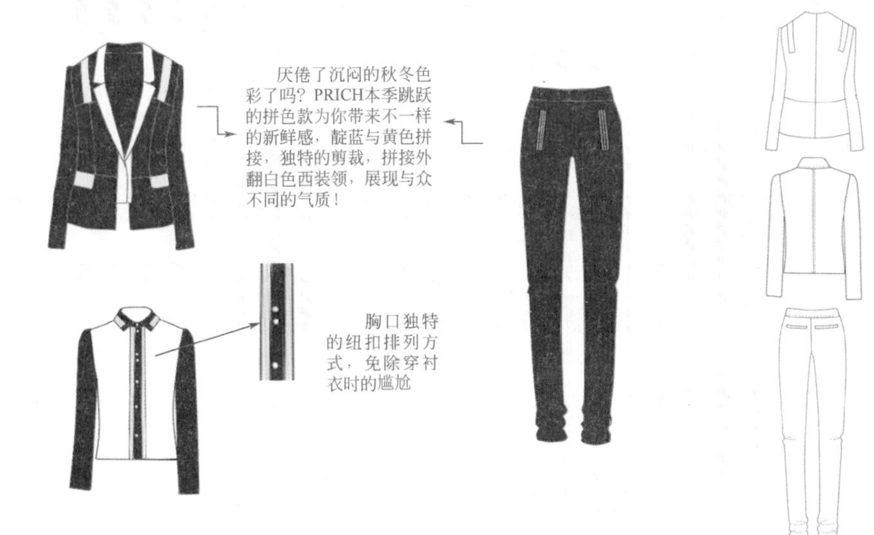

（14）

图4-39

PRICH

微海洋 2014～2015秋冬

靛蓝与黄色气拼接，独特的剪裁，展现与众不同的气质！马甲款式的上衣与短裤搭配，让年轻的OL在人群中更加夺目

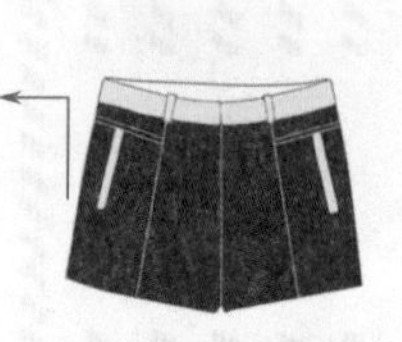

门襟设计明黄色双明线，门襟设计使整件衣服更有活力

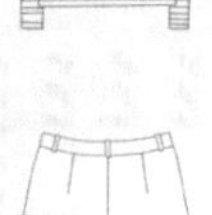

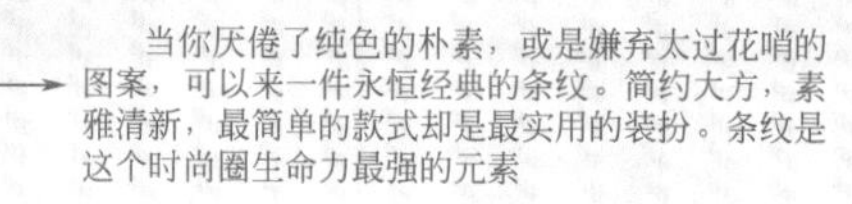

当你厌倦了纯色的朴素，或是嫌弃太过花哨的图案，可以来一件永恒经典的条纹。简约大方，素雅清新，最简单的款式却是最实用的装扮。条纹是这个时尚圈生命力最强的元素

（15）

PRICH

微海洋 2014～2015秋冬

亲民百搭的针织衫带来这个秋天的温暖、纯洁气息，充满活力的拼色设计又增添了一分别样的女人韵味，蓝白拼接的衬衫款式为整体加分，让你在这个冬天更具独特气质

经典蓝白条纹拼接于整体白色的衬衫，与靛蓝色领子及袖口形成鲜明的呼应

（16）

PRICH

微海洋　　2014～2015秋冬

区别于小巧精致的短款西装，长款风衣以其稳重大气的特性被越来越多白领丽人接受。摩登拼接的造型，打造出立体硬朗范儿，哪怕你昨夜通宵工作萎靡不振，穿上它都立刻显得精神百倍。明黄配色高贵冷艳的同时，还具有显白效果哦

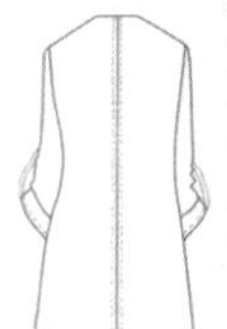

寒冷冬季，一件舒服的贴心针织连衣裙最百搭、温暖了。经典廓型配上明黄条纹拼接，多了点复古，添了些妩媚。不管内搭或外穿，都是不错的款式

（17）

PRICH

微海洋　　2014～2015秋冬

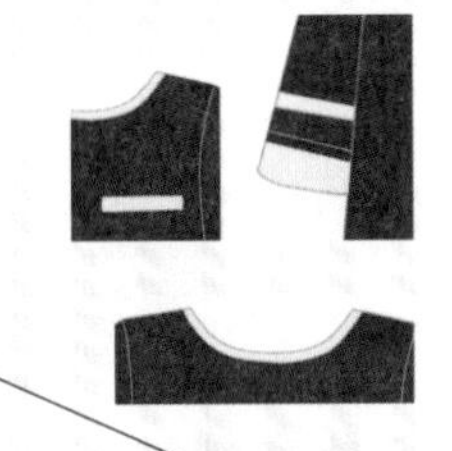

短款上衣+半裙的穿法并不新颖，你甚至可以记起妈妈在年轻时也这样穿过。这种搭配法体现了浓浓的复古风，整体显得更加年轻时尚

领口、袖口、口袋处独特的拼色设计

款式配色简约的针织裙，在整体简约的风格下也不失温婉、柔和的女人味

（18）

图4-39

PRICH

微海洋 2014～2015秋冬

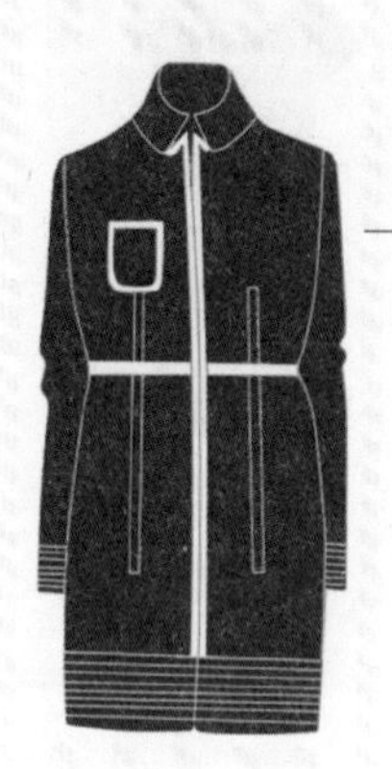

如何在沉闷的冬日里营造出非凡别致的格调？一款简约廓型与利落剪裁随处可见的宝蓝色呢子大衣，能为你塑造精致、干练，不乏气质的都市时尚女士气息，为你的冬天增添更美妙的色彩

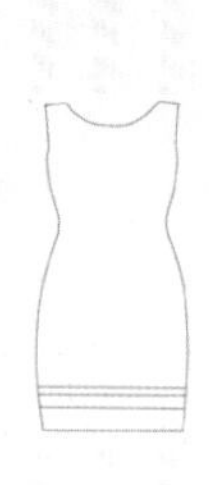

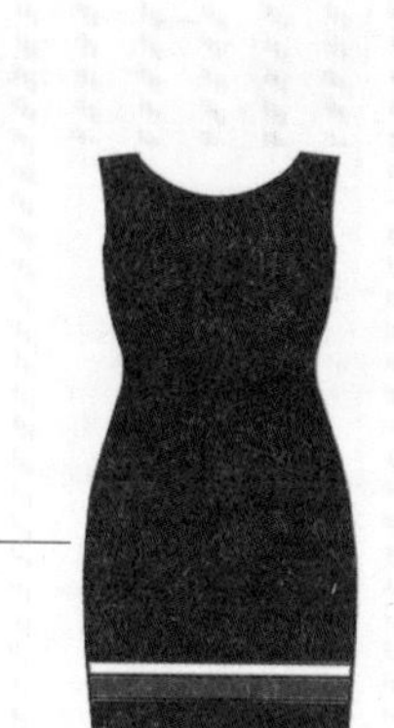

裙装造型的精致剪裁，强调了女性的腰身及线条，靛蓝色+胭脂红的配色连衣裙，醒目却也自然，呈现出优雅而端庄的气质，将女性魅力展露无遗

（19）

PRICH

微海洋 2014～2015秋冬

干练味儿十足的修身款式的小西装外套，绝对能让你自信十足、与众不同

精致双层口袋设计，设计感十足

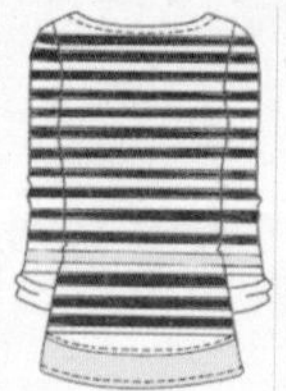

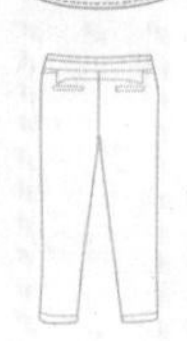

利落的裤装在今季多了几分柔美感，贴合的九分裤剪裁勾勒出完美的腿部线条，简约的款型时尚百搭，尤其与小西装或基本款针织衫的搭配，更能展现女性端庄、知性的一面

（20）

（21）

PRICH

优雅回眸　　2014～2015秋冬

世间繁华太多，人影交错擦肩而过。唯独她走过，一次优雅的回眸，让你停下了脚步。华丽的胭脂色、温润的米白色、低调而奢华的靛蓝与考究的卡其绿演绎出一场最美的优雅邂逅

关键词：婉约、温柔

（22）

图4-39

PRICH

优雅回眸

2014～2015秋冬

总觉得轻羽绒保暖性能达不到理想的效果？没关系，PRICH不仅有轻羽绒，还有分量感很足的经典款羽绒服。让你冬天不再怕冷

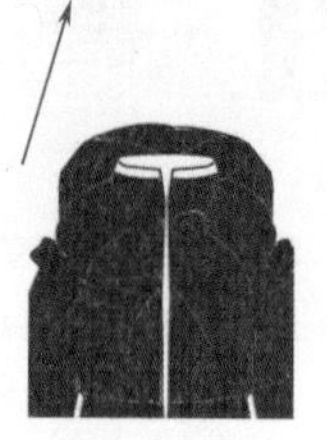

细节：充气感的领子设计，给整件羽绒服注入设计感

针织连衣裙简易又百搭，无需花费心思，随意搭上一条披肩亦或一条细腰带，就即刻显现婀娜优雅的身形，非常适合忙碌的职场丽人们

（23）

PRICH

优雅回眸

2014～2015秋冬

冬天转眼将至，轻羽绒温暖上阵！简约轻薄，和臃肿说ByeBye；修身靓丽，寒冷冬日依旧优雅迷人。御寒保暖功能丝毫不减

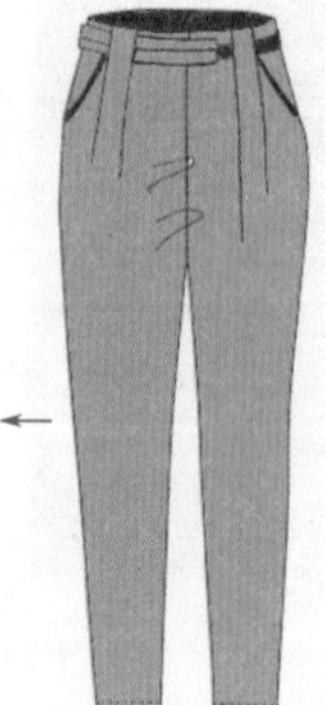

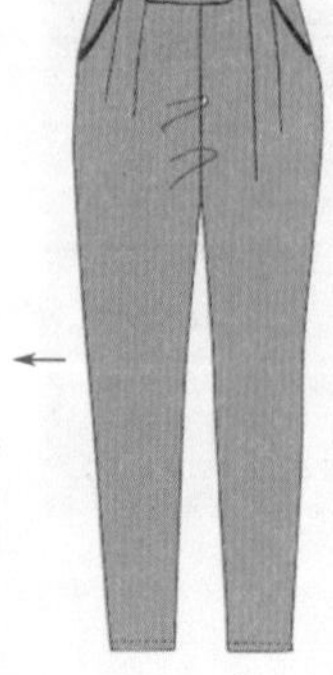

不少OL们青睐修身长裤，以米色最为代表。这一点也不出奇，日常工作、出席会议、好友聚会，甚至相亲联谊，它都是不容易出错的选择。修身长裤既端庄又休闲，非常符合时下都市时尚女性的多元化生活

（24）

PRICH

优雅回眸　　2014～2015秋冬

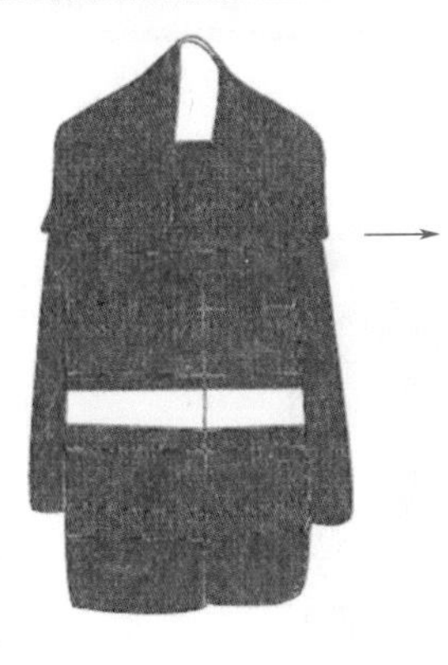

作为针织内搭，它的出挑之处在于粗细不等的红色条纹以及与之呼应的领子。对于喜爱干净，又不甘于平庸的女性来说，这件最适合不过。它足够修身，无论你单穿或内搭，都丝毫不用担心它会逊场。相反，有气质的女性还会拉升它的价值，即便简单也不同凡响

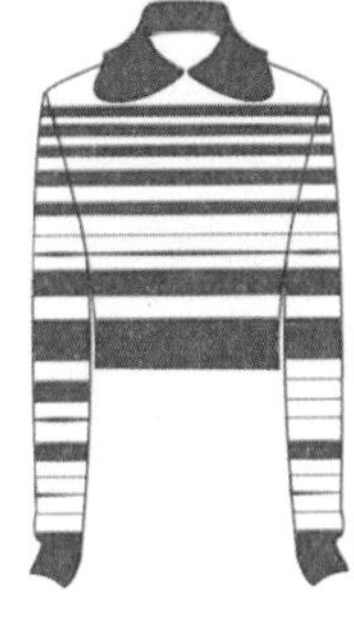

干净不浮夸，看似轻薄足以为你抵挡凉风。软绵绵的伏贴在身上，让人心里产生安全感。无论是职场装还是外出SHOPPING，这件大翻领针织衫都可满足你的要求

（25）

PRICH

优雅回眸　　2014～2015秋冬

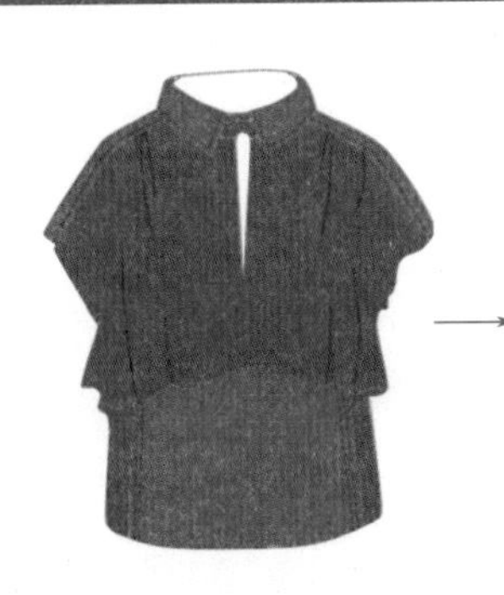

轻薄飘逸的小翻领罩衫式衬衣，将年轻的OL与冬日的沉闷厚重隔离开来，凸显优雅浪漫

毛呢短裤的设计特点在于大面积拼色，不仅可与轻盈感上衣搭配，也可与毛呢大衣、打底裤、毛衣等单品进行搭配穿着

（26）

图4-39

PRICH

优雅回眸 2014～2015秋冬

高档呢面料，质感硬挺有型，保证了整件大衣的廓型设计，能够感受至面料里充足的羊毛含量。分量很足具有绝佳的垂坠度。厚度足够，保暖性大加分

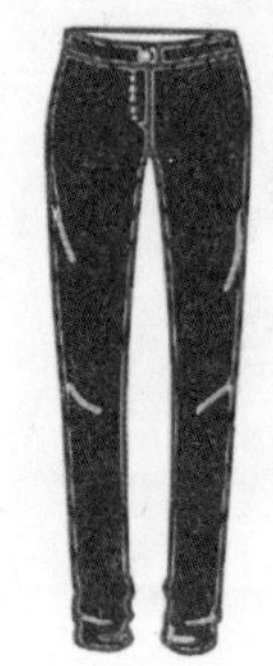

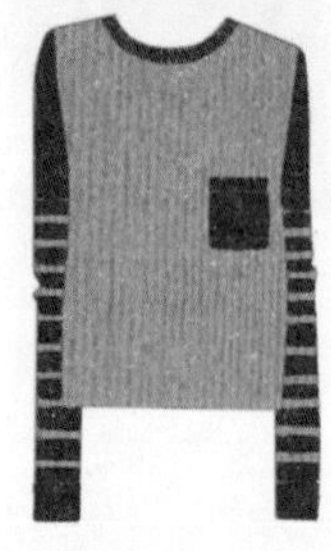

上身比较宽松，下摆略微的收紧，偏短的版型，搭配起来更加优化全身的比例

（27）

PRICH

优雅回眸 2014～2015秋冬

谁说秋天就一定要穿得臃肿，一件针织连衣裙就能实现变美的心愿，经典的款式与复古的色调，使年轻的OL更显气质

（28）

（29）

PRICH

摩登的省略　　2014～2015秋冬

尽管精致蕾丝、精美印花和缤纷色彩是女装设计中不可或缺的元素，但干净利落的简约风作为任何季节都不落伍的着装风格依然不可忽视。时尚动感的都市生活和与众不同的多元文化，在这个飞速旋转的时代，更需要一份独特的气质、一点摩登的省略

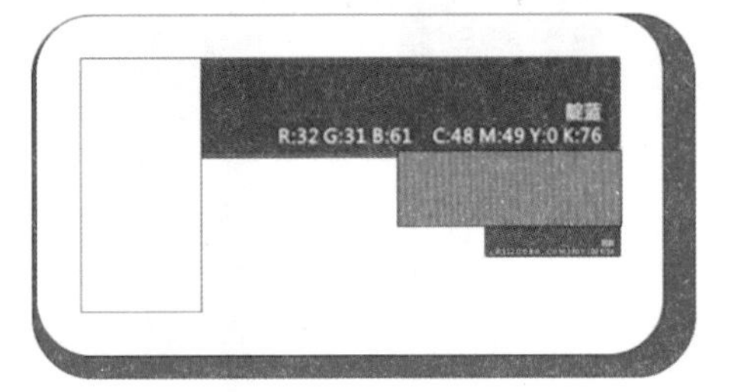

（30）

图4-39

PRICH

摩登的省略 2014～2015秋冬

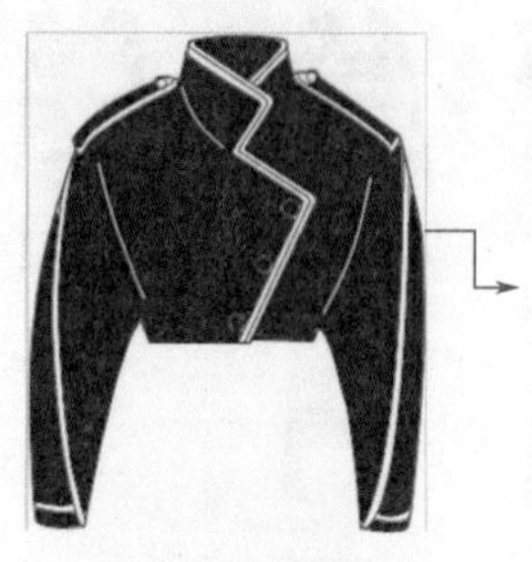

落肩廓型设计非常时髦，袖管其实并不特别宽松，靛蓝、白色都是很显气质的基本色，这种短款小外套可以与针织背心裙、衬衫领无袖连衣裙搭配得清新优雅，得体动人

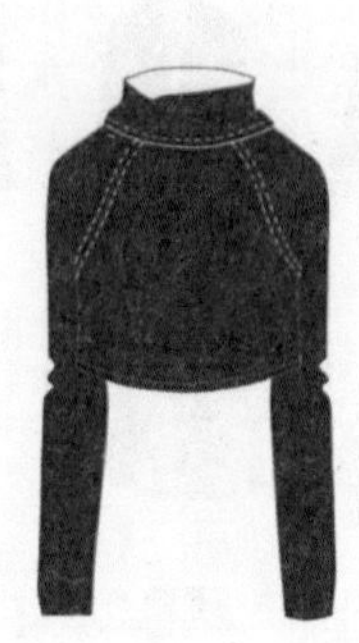

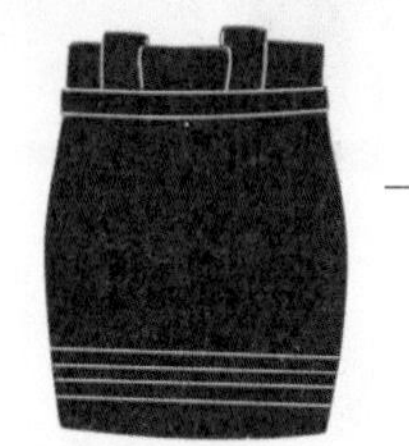

怀旧的直筒中裙有一种利落的美感，于简约直线条中勾勒出女性侧面的S型曲线。裙腰处做出的波浪形设计，令人充满想象

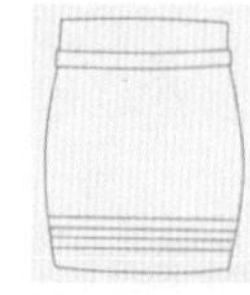

（31）

PRICH

摩登的省略 2014～2015秋冬

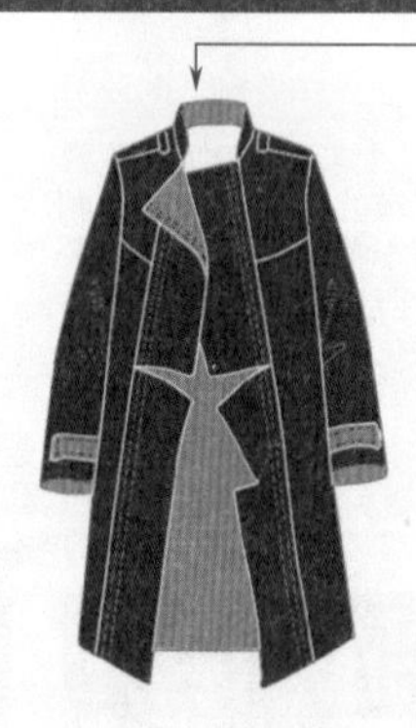

采用优质面料，质感硬挺有型，大翻领的设计是亮点，从视觉上凸显精致的巴掌脸。独特的领形加上拼色的设计让整件大衣不再中规中矩

复古小翻领的长袖款在初秋的天气可以单穿，也可以搭配各种小外套，非常实用的一款衬衫，是秋冬季节必入的一个单品

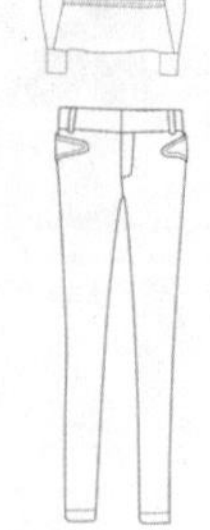

（32）

PRICH

摩登的省略　　2014～2015秋冬

摒弃沉闷色调，对比鲜明的色彩为秋冬注入正能量，膨胀的圆肩与利落的小方领设计，为女装的线条与气场带来颠覆性的改变。无论是成套穿着还是披在肩上，都别具风范

经典的打底白衬衫，看似无意却恰到好处的靛蓝色渲染，立体与时尚感呼之欲出。没有过多的装饰，却以最谦逊的态度表达你的个性，散发最天然的女性味

（33）

PRICH

摩登的省略　　2014～2015秋冬

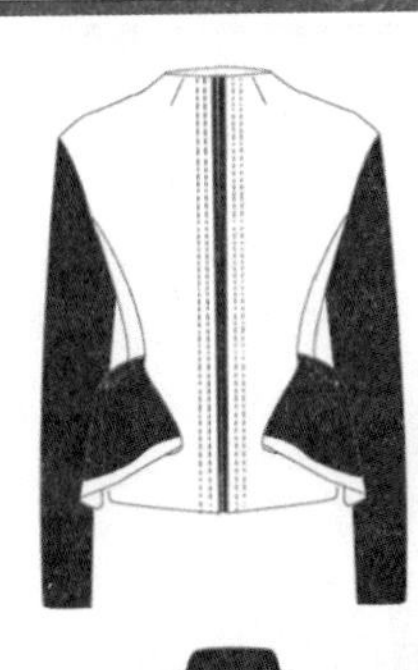

帅气的表达不再局限于一种形式，干练利落的线条与简约大气的色调就能轻易营造大牌风范，通勤和休闲都能显得格外利落和优雅

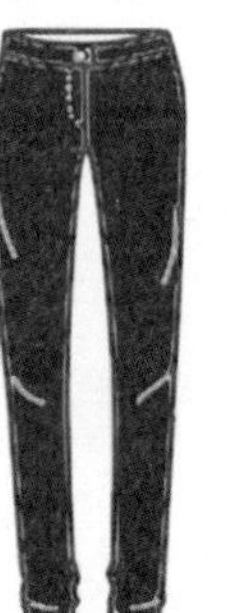

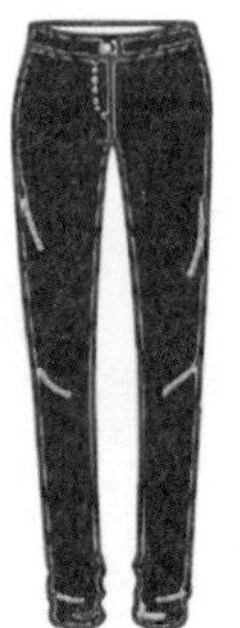

五分袖的设计让年轻的你更加利落、充满活力

（34）

图4-39

PRICH

摩登的省略

2014～2015秋冬

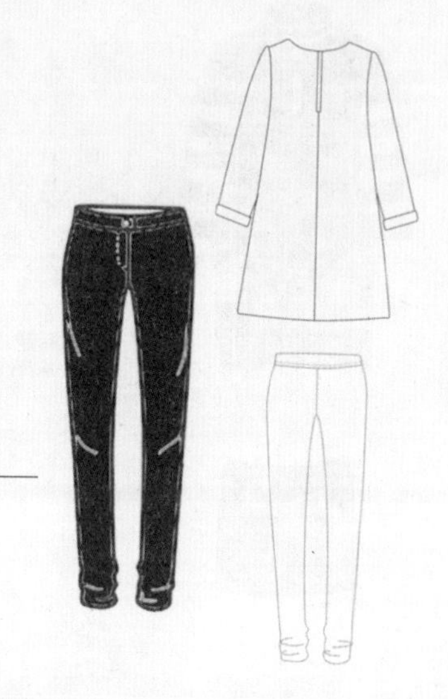

立体的裁剪，使腰身更贴合身形，完美收腰束腹，凸显纤细腰身，简洁的造型，凸显腿部线条，潮流感十足

（35）

PRICH

摩登的省略

2014～2015秋冬

寒冷冬季，穿一件舒服的贴心毛衫最温暖了。经典条纹图案配上成熟的复古色调，多了点复古，添了些妩媚。不管内搭或外穿，都是不错的款

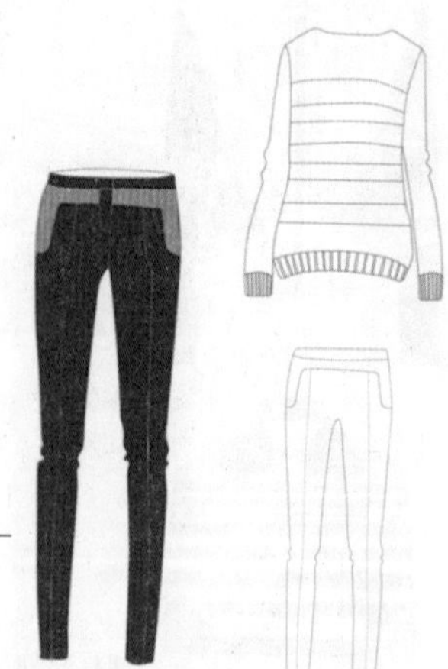

裁剪利落的裤子，腰间特有的拼色设计，瞬间呈现出干练洒脱的白领风尚，一个自信的都市丽人呼之欲出

（36）

PRICH

摩登的省略

2014～2015秋冬

淡雅成熟的气质，不是每个女性都能散发出来的。精致剪裁的连衣裙营造出优雅气质，配上不同宽窄的蓝白条纹，瞬间变得与众不同。低调不奢华，正好是淡雅成熟的OL风范

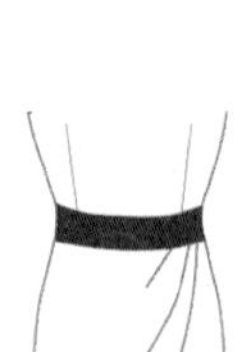

腰间的褶皱设计使整件连衣裙更富有淡雅成熟的OL风范

（37）

PRICH

摩登的省略

2014～2015秋冬

（38）

图4-39 PRICH品牌成衣设计

思考题

1.成衣流行趋势元素组合训练

（1）春夏季成衣流行趋势元素组合训练。

（2）秋冬季成衣流行趋势元素组合训练。

2.成衣类服装设计有何特点？与高级时装设计有何不同之处？

3.由高级时装向成衣转变设计的训练

（1）选取最新高级时装发布会的两位你最喜爱的设计师的作品作为基本设计蓝本进行成衣的转化设计。

（2）选取最新高级时装发布会的两位你最喜爱设计师的作品作为基本设计蓝本进行你所实习企业成衣的转化设计。

4.深入了解你所实习的服装企业应季设计策划方案，设计两个系列各30款的设计草图，与企业导师和设计人员交流，从中选出20款进行深入完善，采用计算机以服装平面结构图形式加以表现。

5.根据你所实习企业的技术资料要求，填写成衣设计工作单。

第五章 成衣设计效果图表达

成衣设计效果图稿的特点与要求；成衣设计效果图绘制的基本思路。

第一节 成衣设计效果图稿的特点与要求

服装效果图分为时装效果图和成衣设计效果图。时装效果图侧重表现时装的个性、风格、氛围、艺术性，而成衣设计效果图侧重于表现款式的设计效果，一张图能说明基本的设计构思、设计特点以及材质、结构版型上的具体信息，具有实用、实际操作的可行性特点。成衣设计效果图通常在纸面上包含两大部分，一个是着装效果图的展示；另一个是平面款式效果图。

一、成衣设计效果图稿的特点

成衣设计效果图是设计者通过对人体着装姿态的绘制而对服装款式的具体描绘，是体现设计构思的一种表达方式，要表现一定内容，要有各种技法，要突出款式的设计特点。它是设计师整体构思设计的先导和传达设计意图的载体，是服装设计的专业基础之一，是成衣设计的重要环节，是衔接服装设计师、板型师和消费者的桥梁。因此，实用性是它的最大特点，同时具有细致、完整等特点。

成衣着装效果图可以表现出人体着装后的状态，包括与其他服装的搭配状态、配饰搭配建议以及着装后人体的比例关系等内容，它在展现出设计者的设计意图的同时，也很好地展现了服装款式的设计特点及搭配风格。其风格以写实为主，也可以是夸张的、抽象的（图5-1）。

图5-1 绘制精细成衣设计效果图

总而言之，成衣设计效果图是服装设计师借以表达设计构思所绘制的图，是服装在完成缝制后穿着的预想

图5-2 成衣设计效果图的准确性

图5-3 鲜明具体的毕业设计着装效果图

效果。它将服装的设计构思，形象、生动、真实地表现出来，具有工整、易读、结构表现清楚、易于加工生产等特点。

二、成衣设计效果图稿的基本要求

绘制着装效果图必须有良好的美术绘图造型能力，绘制好的着装及平面款式图应给人以准确、清晰的感受。对设计师而言，熟练地绘制效果图是服装设计入门以及求职并进行服装设计的必要技能。作为成衣设计的效果图，还有如下几方面特定的要求。

（一）准确

成衣设计着装效果图要求绘制的人物造型以及服装款式要准确、生动，让观者对设计师的设计构思一目了然，甚至让制板师和打样师能从图中明白其基本的设计制作预想效果以及现实操作的可行性，而不是纯粹供人欣赏的时装画。这一点是成衣设计效果图的首要要求，失去这一要求，效果图的作用与价值将不复存在。而平面款式效果图则要求对服装结构的充分了解，对服装款式的比例、结构、各部位的款式形态、省道分割线、结构线、装饰线以及衣身的比例关系等要准确地绘制出来，做到和生产样衣的一致（图5-2）。

（二）具体

成衣设计着装效果图要求对成衣的着装效果进行具体的描绘，从单件上衣、下裤的设计到搭配的效果都要具体表现，尤其对设计的关键或设计亮点细节要重点、具体表现，做到一图一个款，并能实际操作。而平面款式效果图的绘制则包含了所有服装款式正背面的详细信息和设计效果及结构和工艺。服装各部位的分割线、结构线、装饰线以及款式的比例具体到辑明线的宽窄等都必须具体化。如果说绘制着装效果图是感性为主的设计表现，那绘制平面款式图则是理性为主的对设计师基本结构造型的考验，不具备一定的服装结构裁剪知识是不能画出准确、具体的款式效果图的。对服装款式的熟练表现是服装工业化生产的必要技能（图5-3）。

（三）突出服装

绘制着装效果图时，设计师应根据自己设计的款式，侧重选择人体模特，且提炼出简单的人体廓形和表情、气质特征，尽量做到简洁明了，侧重服装的细节，以免喧宾夺主。除了公司本身的设计产品，还要结合最近的流行趋势考虑与其他衣服的搭配，以免孤立于整体市场（图5-4）。

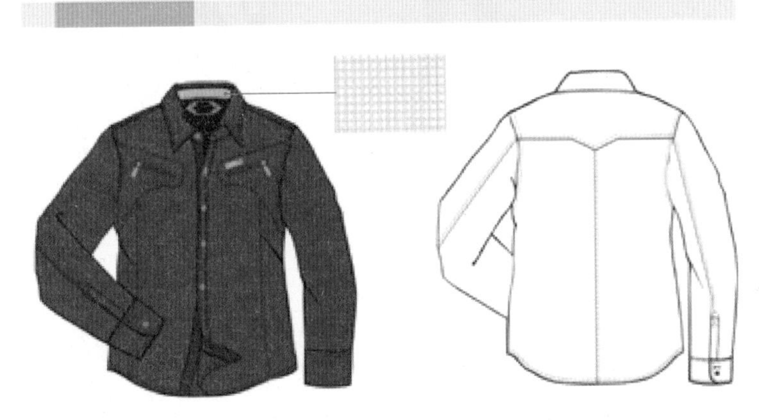

图5-4　款式效果图

（四）结合平面款式图

着装效果图还必须结合平面款式效果图。成衣平面款式效果图是为计算纸样、织法提供准确的款式结构、设计细节、外形特点、尺寸大小以作为参考，所以必须严格按照要求绘制。梭织成衣类款式效果图注重比例、面料搭配和工艺细节，在款式图中无法采用绘图表达时可以通过文字描述、详细的工艺图说明。针织类成衣款式效果图除了具备梭织类服装的绘制要求外，还必须设计出成衣的尺寸、工艺的做法（如标明单边、罗纹、扭花等），标明针数和密度，无法确定密度的通过文字加以描述，如织法的松透、织法的紧密程度等。

三、成衣效果图稿的基本类型

（一）完整性着装效果图

为了准确地表达设计师的设计思想和意图，在时间允许、工具齐全，或者有具体的要求时，可以绘制完整性效果图。

完整性效果图包含服装的款式、面料、色彩、细节等，非常细致，有些甚至可以画得很逼真。这类效果图可以准确地表达出设计师的构思，但是会浪费大量时间和精力（图5-5）。

完整性着装效果图又包括毕业设计成衣效果图、设计大赛成衣效果图、公司产品开发成衣效果图三大类。

图5-5 完整性效果图

1. 毕业设计成衣效果图

毕业设计的成衣设计效果图与大赛成衣设计效果图的要求和特点基本一致，作为在校学生，效果图重点训练创意、构思表达、设计特点表现等能力，一旦进入公司，效果图的要求就不像在校的效果图那样要求艺术表现力，而是重点表现设计的实际可操作性。毕业设计的成衣设计效果图要求系列化，在完整地表现整体着装搭配效果的同时，要求在系列着装效果图表现后必须加上正背面平面款式图。实用、可行性、创意性、设计的整体感、表现手法的成熟是评判毕业设计效果图的首要标准（图5-6）。

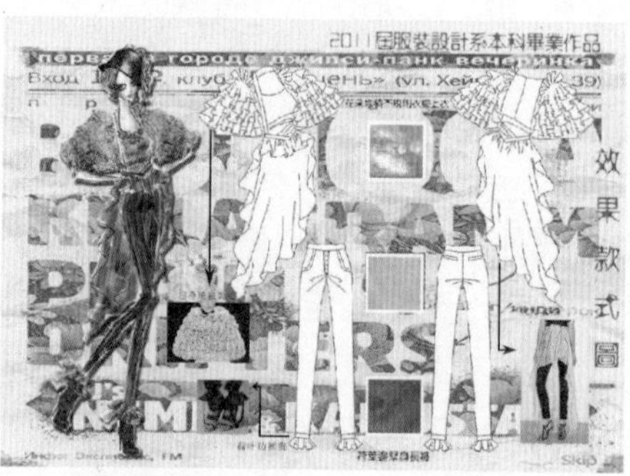

图5-6 毕业设计成衣设计效果图

2. 设计大赛成衣效果图

设计大赛类的成衣设计效果图兼具实用和艺术的特点，将实用与艺术有机结合起来，在重点表现成衣效果图的实用、可穿性强的同时强调表现服装的艺术感，将商业与艺术较好地结合起来，给观者一种个性化的艺术享受。设计大赛类的成衣设计效果图强调系列感、整体感、设计感、时代感，要求设计师在具备熟练的绘图功底的同时具有一定的审美表现力、创意能力、画面的构思编排能力以及画面时尚、流行乃至一定的艺术表现综合能力（图5-7）。

图5-7　休闲装设计大赛入围效果图

3. 公司产品开发成衣效果图

公司产品开发的成衣设计效果图主要用于后续的样衣打样和生产投产，因此，其主要表现的特点是清晰、准确。尤其是对款式的表现侧重可行性、结构合理性等基本的款式造型特点，一目了然是其重要的评判标准，要求绘图清晰、表现准确、严谨而富有一定的创造力。对于设计细节的描绘也是其重点，从中可以看出设计构思的巧妙和创新价值的体现（图5-8）。

效果图除了形象地表现设计效果以外也可以适当地标注设计说明，达到进一步清晰、准确的效果（图5-9）。

图5-8　公司产品开发成衣效果图

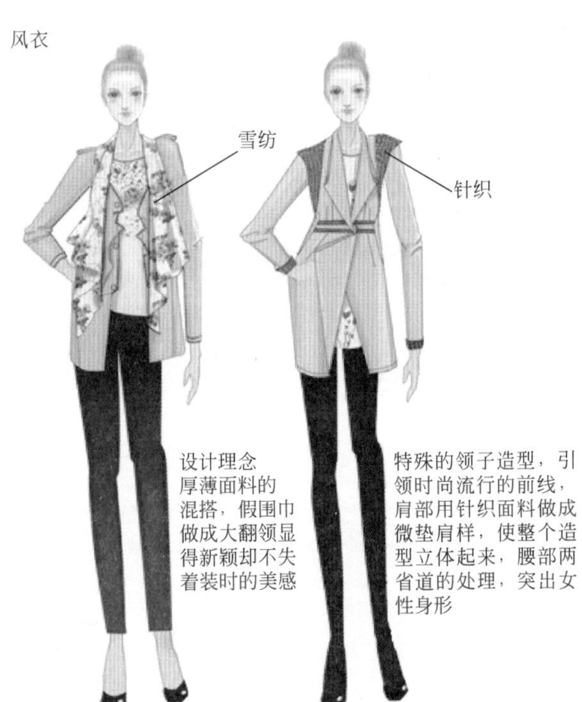

图5-9　服装生产中的成衣效果图

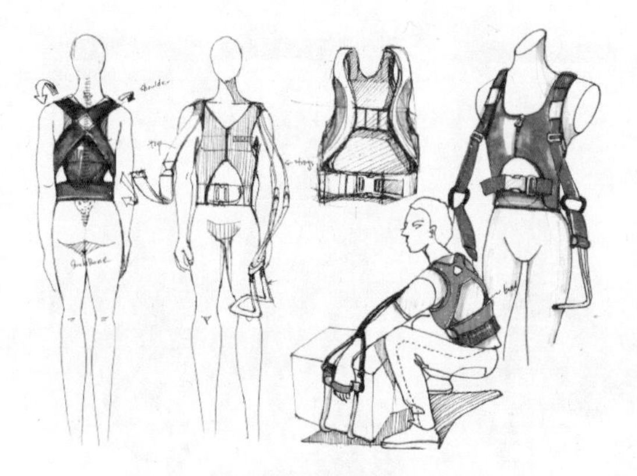

图5-10　简略性效果图

（二）简略性效果图

简略性效果图常用于设计师迅速记录自己的想法和成衣公司的设计等。它不需要设计者像绘制完整性效果图一样，把细节和来龙去脉都交代清楚，只需要记录一些设计点，必要时附上文字说明等。一部分成衣公司只要求上交简略性款式设计图，因为绘制完整精致的着装效果图会浪费大量的时间和精力。设计师只要把设计思想表达清楚，能让总设计师或者艺术总监领会即可（图5-10）。

（三）平面款式效果图

成衣设计效果图在服装生产中包括着装效果图和平面款式效果图两部分，这是与其他时装效果图、时装画的最大不同。一般情况下，着装效果图表现的是成衣穿在人体上的整体形态，除公司的设计产品外，还描述出了与其他服装搭配的整体效果。平面款式效果图是对着装效果图的有力补充，因为着装效果图更多的是表现设计的感性、整体效果，而平面款式效果图则更理性、更清晰、更能为后续的设计制作提供坚实的制图依据。

着装图配上款式效果图，在正面与背面款式图中表现出设计细节、面料小样、设计说明、粗略的成本核算等内容，必要时还必须在旁边画图描述工艺说明。目的只有一个，最大限度地把设计师的思想以及工艺方法在图纸上交代清楚。平面款式效果图是指以平面图的形式表现服装的外部构造、比例、内部分割以及部位之间的比例关系的图样。款式图通常都是比实际服装缩小几倍的描绘，因此要严谨准确地表达出服装的基本造型结构和部位的比例关系（图5-11）。

图5-11　平面款式效果图

平面款式效果图作为成衣效果图中的一部分，通常有正背面款式平面图，作为一个重要的辅助图，它更为清晰地展现了服装的款式、细节、结构、尺寸、工艺等细节，以帮助打板师、工艺师更好地理解款式的结构特点（图5-12）。

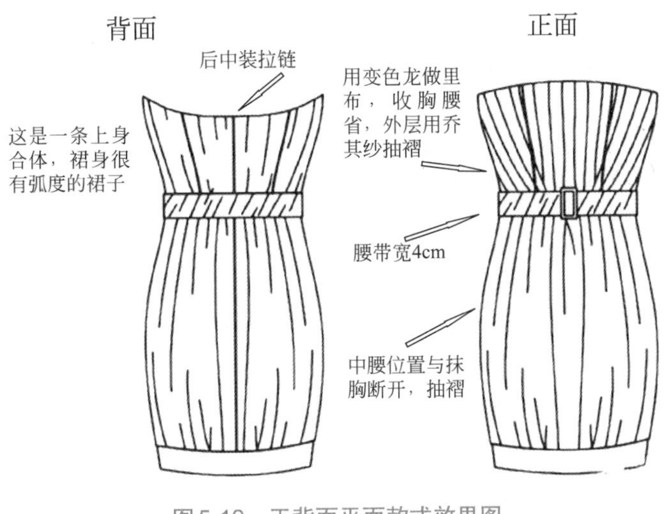

图5-12 正背面平面款式效果图

第二节 成衣设计效果图的表现方法

一、效果图的重点

目前设计师广泛采用的效果图表现方法主要是手绘和计算机软件绘制，无论手绘还是计算机都要求效果图将服装款式结构特点、色彩搭配特点、面料的质感以及上下整体的效果表现得既准确又富有实际可操作性，具有易懂、易加工生产、方便实际制作等特点。尤其对于在校学生来说，训练有素的效果图绘制技巧不但能锻炼基本的造型表达能力，手头设计创意能力，审美评判能力，也为日后成为职业设计师奠定一定的基础。

二、手绘

无论计算机如今如何普及和具有优势，传统的手绘表现成衣设计效果图依然是不少在校学生和专业设计师训练效果图和表现效果图的基本方法，它具有比计算机更生动、更细腻的特点。甚至不少公司在招聘时依然采用手绘效果图方法来选用设计师或设计助理，而礼服类的公司一贯采用的是手绘效果图。在计算机泛滥的学生为主参加的大赛效果图稿中，一副描绘细腻、准确、生动的纯粹手绘效果图却更能获得评审的青睐，可见在时代发展、科技不断创新的潮流下，手绘所传达出的扎实的绘图功底的艺术魅力依然占据一定的地位（图5-13）。

手绘技法的书很多，本教材在此不做详细介绍。下面介绍一些常用的手绘工具。

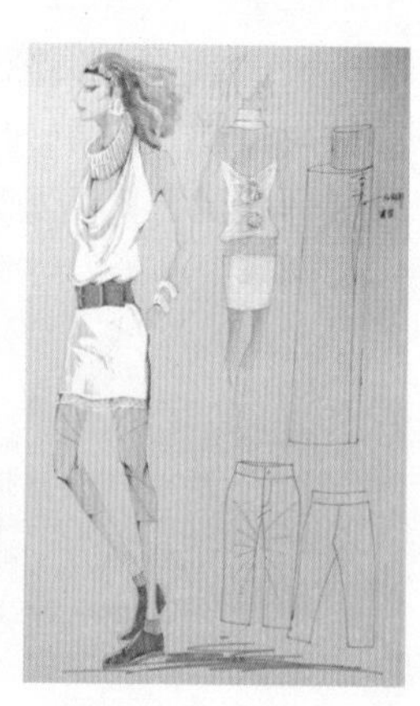

图5-13　手绘表现的成衣设计效果图

（一）常用的手绘工具

（1）铅笔（H ~ 3B）：是一种极其常用、方便、富有表现力的工具。铅笔是快速勾线的理想工具，能创作富有明暗调子的作品，并且由于其易于修改、小巧方便，应用十分广泛，几乎所有的艺术作品都是以铅笔稿开端的（图5-14）。

（2）钢笔、针管笔：也称绘图笔，粗细0.1 ~ 2mm不等，笔尖粗细均匀，画出的线流畅而没有笔锋。常用于效果图或款式图的描线，特点是线条流畅精美、清晰规范，可以表现细致的刺绣、编织纹样等。但缺点是不易于修改（图5-15）。

（3）箱头笔：分为油性和水性，油性不可擦除，而水性可以擦除。笔锋较大，适合绘制着装款式图、款式图的外轮廓以及设计稿的轮廓装裱（图5-16）。

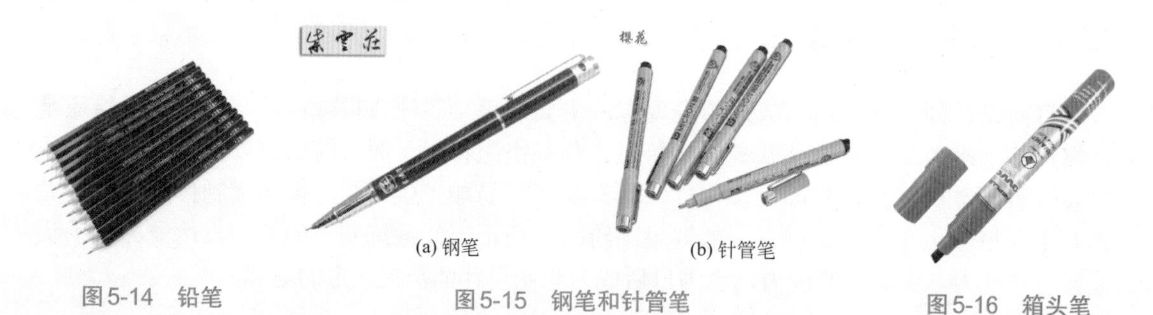

(a) 钢笔　(b) 针管笔

图5-14　铅笔　图5-15　钢笔和针管笔　图5-16　箱头笔

（4）水粉笔和水彩笔：分为1 ~ 14号，号数越小，笔锋越纤细，适合做细部刻画；号数越大，笔锋越大，适合做大面积的着色（图5-17）。

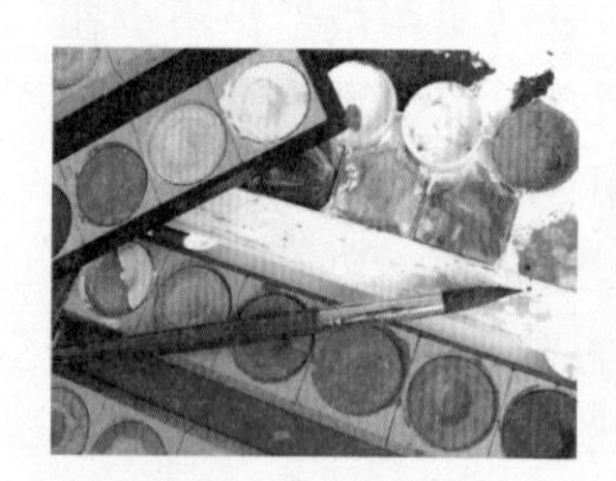

(a) 水粉颜料和笔

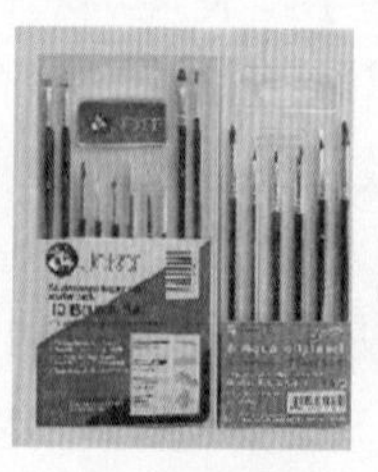

(b) 水彩笔

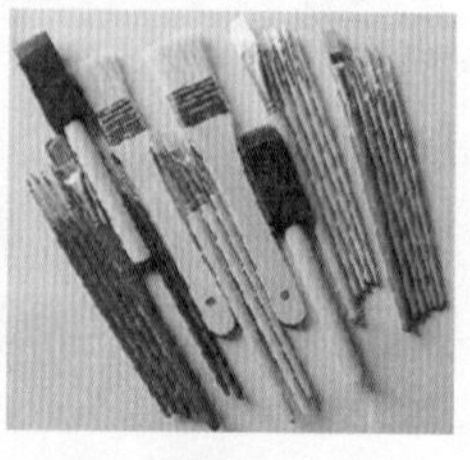

(c) 水彩笔

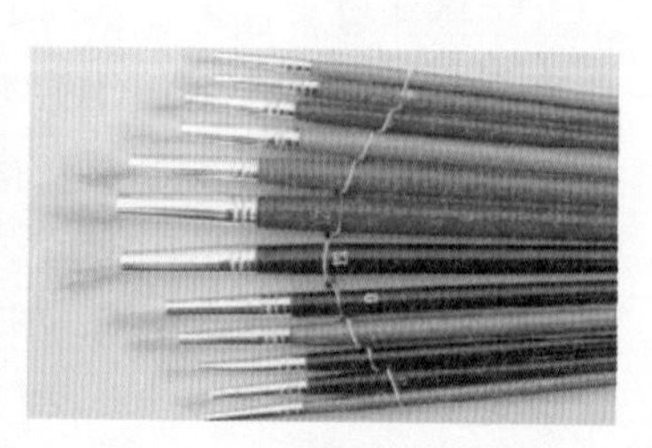

(d) 水彩笔

图5-17　水彩笔和水粉笔

（5）彩色铅笔：分为油性彩色铅笔和可溶性彩色铅笔两种。

油性彩色铅笔中加入了蜡，所以有一定的防水性，绘制时有一定笔触，具有容易控制、色彩鲜艳、便于携带等特点（图5-18）。

可溶性彩色铅笔具有一切油性彩色铅笔所具备的基本功能。区别在于可溶性彩色铅笔的笔芯成分含有可溶于水的成分，绘制时可以先在无水的情况下将色彩画在纸上，再用笔蘸水将颜色晕开，形成一种微妙的水彩效果（图5-19）。

彩色铅笔适合款式图和着装图的着色，运用较广，成为许多设计师喜爱的设计草图绘画工具（图5-20）。

图5-18　油性彩色铅笔

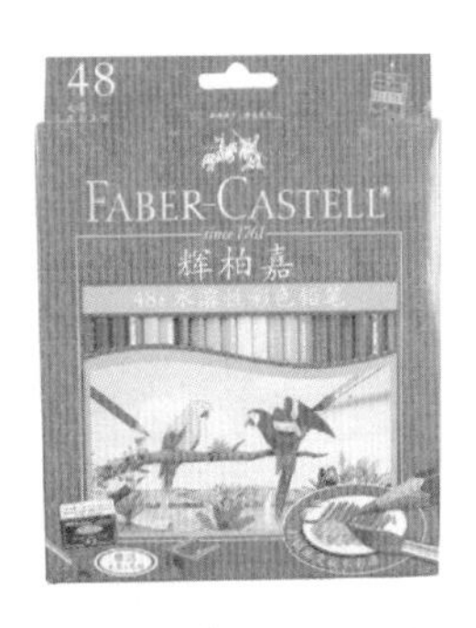

图5-19　水溶性彩色铅笔

图5-20　彩色铅笔效果图

（6）麦克笔：有单头和双头、水性和油性之分。服装设计图中多采用水性马克笔，其色彩透明，上色后留有笔触，吸水性弱的光面卡纸比较适合表现马克笔，视觉效果很好（图5-21）。

2.颜料

（1）水彩颜料：又称水彩色，膏体细腻，含胶量较多，透明度强，可以和水以任意比例混合，适合绘制着装款式图，表现丝绸、丝光棉、皮革、有涂层反光织物的成衣效果（图5-22）。

（2）水粉颜料：具有不透明、色彩强烈、表面无反光、适于复制等特点，适合平涂大面积色彩，绘制毛衫、牛仔装、皮草、棉织类成衣效果（图5-23）。

（3）丙烯颜料：色泽鲜艳、干燥快，干后表面无反光，有抗水性，不会龟裂，附着力大，覆盖力强，适合绘制着装款式图（图5-24）。

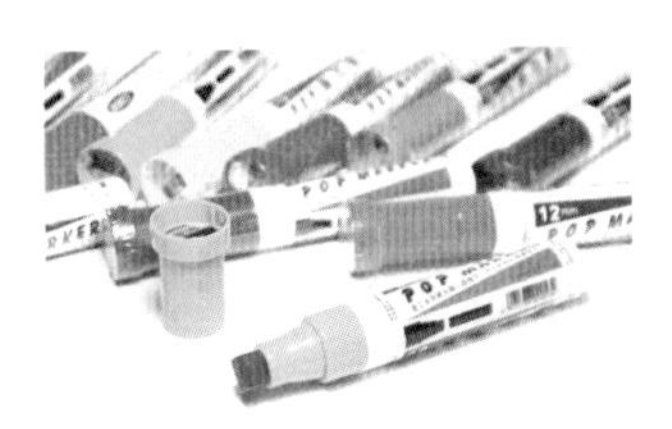

图5-21　麦克笔

图5-22　水彩颜料

图5-23　水粉颜料

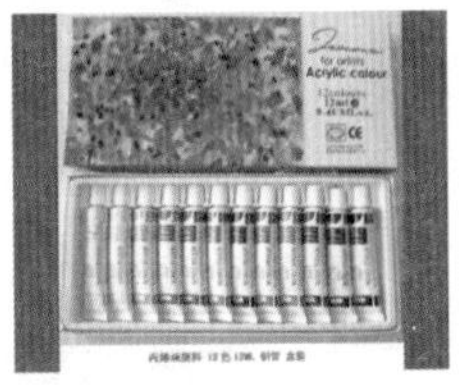

图5-24　丙烯颜料

3.纸张和调色盘

（1）纸张：设计稿用的纸张主要有水粉纸、水彩纸、素描纸、绘图纸、卡纸、拷贝纸、复印纸、打印纸等。水彩纸吸水性好，表面粗糙，主要有160g、190g、320g等型号；

图5-25　水粉纸

水粉纸适合水粉技法，正反面均可以用于效果图的绘制，主要有120g、140g、160g等型号；素描纸和复印纸适合绘制设计草图，素描纸主要有120g、140g、160g等型号，A4复印纸可以用于绘制草图。绘图纸主要规格为100g，既可用于设计草图绘制，又可用于绘制款式图和着装效果图。拷贝纸主要用于图案、款式图的拷贝；卡纸主要用于设计稿的装裱；打印纸主要用于计算机图的打印（图5-25）。

图5-26　调色盘

（2）调色盘：调色盘可以放置挤出的颜料，便于携带、使用，更重要的功能还是用于调色。调色盘内的颜料最好按照光谱顺序排列，以减少或避免邻近色相互污染。每次用剩下的颜料，可以在其中加上几滴水，盖上盖子，下次使用前用软笔吸掉即可。干透以后的颜色一般难以再利用。因此每次不要挤太多，以免造成浪费（图5-26）。

（二）不同手绘表现技法的着装效果图

1.淡彩线描

淡彩线描是以水彩涂色，钢笔或毛笔勾勒轮廓。特点是色彩轻快、透明，线条清晰，易于表现服装结构，表现起来比较轻松、便捷，特别是自然的水渍和溶化效果生动而别致（图5-27）。

图5-27　淡彩线描效果图

2.平涂勾线

平涂勾线是用单纯色块平涂，再用深色或浅色勾勒轮廓与结构线。特点是多用于水粉画颜料，色彩写实、块面分明，具有较强的装饰效果（图5-28）。

3.平涂

平涂是用单纯色块进行平涂，以色块间的色调、明度和纯度的对比来表现服装的结构。可以用于表现色彩鲜艳、图案简洁、结构简单的服装。特点是简约、明快、视觉冲击力强（图5-29）。

4.素描

素描是以单色绘制服装，主要表现服装的具体结构。特点是单纯、细腻、写实（图5-30）。

5.明暗色彩

在不勾线的情况下，借助色彩的色相、明度、纯度变化来表现服装的结构、体积与色彩的关系。与平涂类似，但它会表现出一种明暗关系的立体感（图5-31）。

图5-28　平涂勾线

图5-29　平涂效果图

图5-30　素描效果图

图5-31　明暗色彩效果图

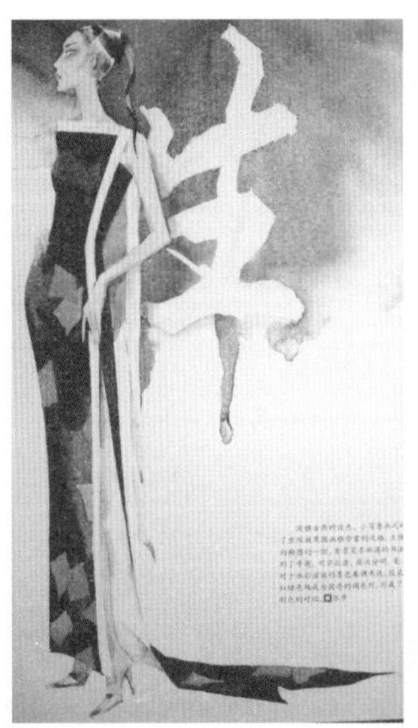

图5-32　喷绘效果图

图5-33　影绘效果图

6.喷绘

喷绘是即以牙刷、喷枪等为绘画工具，对画面整体或局部施以喷绘的特殊方法，达到均匀自然、细腻的艺术效果（图5-32）。

7.影绘

当需要特别强调服装的外轮廓造型时，用影绘的方法可以使观者对服装的大造型有明确的概念（图5-33）。

（三）手绘表现的平面款式效果图

使用手绘方式表现款式图有很多技法，如单线平面、单线立体、色彩表现、面料拼贴等。通常用的是单线平面表现（图5-34），这也是体现平面款式图最本质的特点和作用的一种快速又实用的方法，这种绘图方法排除了色彩和面料的干扰，最大限度地展现服装款式清晰的结构造型比例特点。通常用到的工具有马克笔、不同型号的针管笔（图5-35），粗细线搭配，完整、具体地表现出平面款式图的理性、结构清晰的特点。相较于计算机表现的平面款式图的单一工整，手绘平面款式图可以随绘制人的特点选择不同的风格体现，只要是在表现出服装款式基本的款式结构特点的基础上，并且不背离款式图的作用的前提下。风格上主要有工整严谨和自然随意两大类。

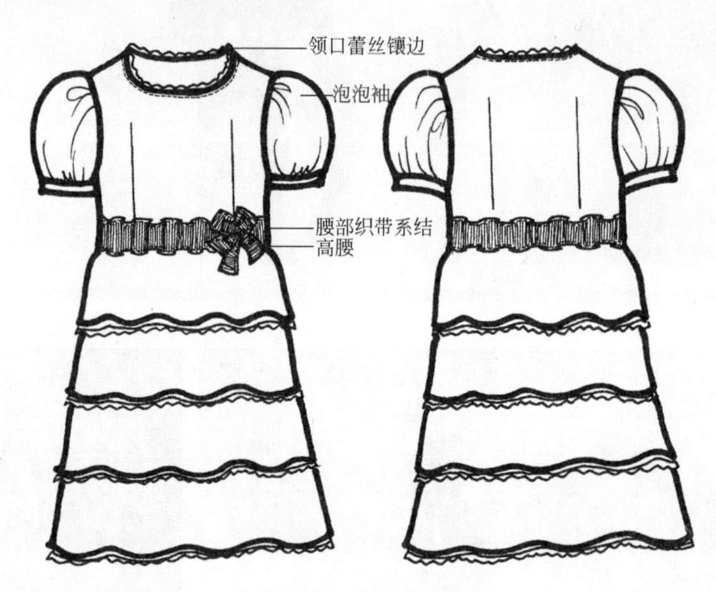

图5-34　粗细线勾画的女童正背面平面款式图

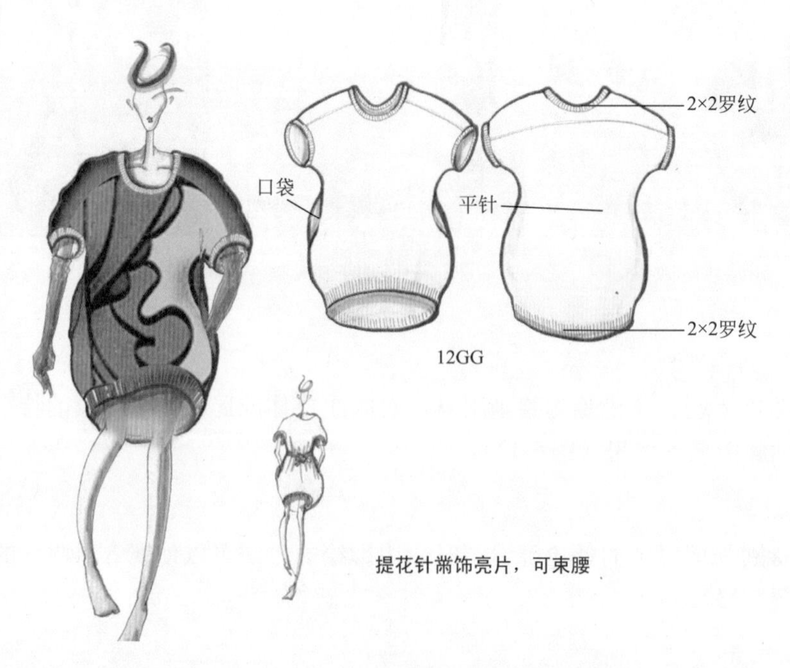

图5-35　马克笔表现的手绘服装平面款式图

三、计算机绘制

常用绘制设计效果图的绘图软件有Photoshop、Adobe Illustrator、Coredraw、Painter等。Coredraw和Illustrator常用来绘制平面款式效果图，而Photoshop和Painter则是专业用于图像处理的绘图软件，广受设计师们的欢迎。在计算机技术的不断更新和升级下，计算机绘图早已成为在校设计专业的学生以及在职设计师必备的技能，也是快速实现设计效果的有效方法，其强大的图像处理功能使得现代成衣设计效果图表现出时代特有的科技感、时尚感，是手绘所不能比拟的。当使用计算机绘制效果图的方式出现以后，其表现出很多优势，一方面可以模拟各种绘画材料、技法的表现效果；另一方面又便于修改调整，放大缩小。另外，绘图软件有许多特殊的功能，为效果图提供了丰富的表现空间、素材和途径。它对于画面的修复与完善使整体效果更为完美，便捷的色彩选择与图案操作使得短时间内及时更改时装风格成为可能。计算机绘制服装效果图需要一些软件的支持，而近年来市场上使用的软件一般以Illustrator、Photoshop、Coreldraw、Painter较为常用。

（一）常用的计算机绘图软件类工具

1.Illustrator软件

（1）Illustrator简介：Illustrator是Adobe公司推出的矢量绘图软件，使用Illustrator提供的工具可以方便快捷地创建出效果图中的人物、面料、辅料、图案等，并可以根据不同的需要进行参数化设置绘图工具属性，如调节画笔的粗细、虚实、颜色等，从而使绘制的效果图更加逼真。Illustrator还提供针对绘制的对象进行各种排列组合、镜像操作等功能，通过简单直观的变换，逐步形成不同的系列款式，举一反三，为时装画的创建和修改提供了便捷的途径，效率很高。

（2）Illustrator操作界面的认识：在Windows桌面上双击桌面启动图标启动Illustrator后，执行“文件—打开”命令，打开一个新文档后，将出现操作界面（图5-36）。Illustrator的窗口由标题栏、菜单栏、工具箱、浮动面板等几个部分组成。

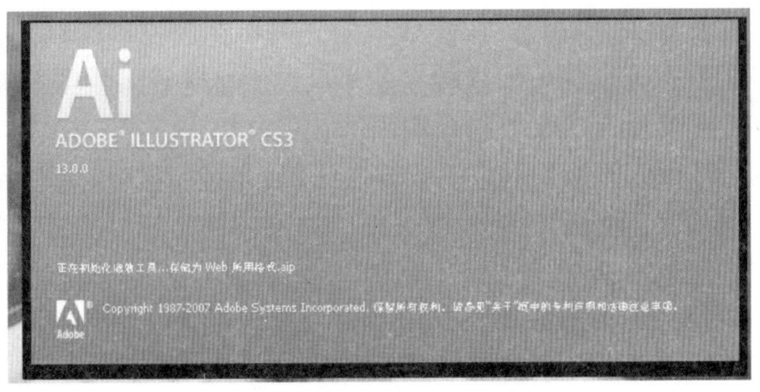

图5-36　AI操作界面

Illustrator主要用于画平面款式图，用法较为简单便捷。启动Illustrator并新建打印文档后，使用“钢笔工具”和“直接选择工具”画出线稿。画好之后，用“选择工具”选定全体对象，将工具箱中的“填色”和“描边”按钮设置为自己想要的图案或颜色，即可为选中的对象上色。

2. Photoshop软件

（1）Photoshop简介：Photoshop是Adobe公司推出的基于栅格图像处理的图形处理软件，分别有PC机和苹果机（Mac）两种版本。Photoshop是目前桌面计算机系统中最强大、最受欢迎的图像编辑软件之一。具有对图像进行颜色、形象的控制，合成图像，施加特殊效果以及制作网页图像和Web页等功能。它广泛应用于广告、摄影、出版、印刷、平面设计、影视设计等领域。

（2）Photoshop操作界面认识：在桌面上双击桌面图标，启动PS后，执行“文件—打开”命令，打开一个新文档后，将出现操作界面（图5-37）。从图中可以看出Photoshop的窗口由标题栏、菜单栏、工具箱、浮动面板、图纸绘制区等几个部分组成。

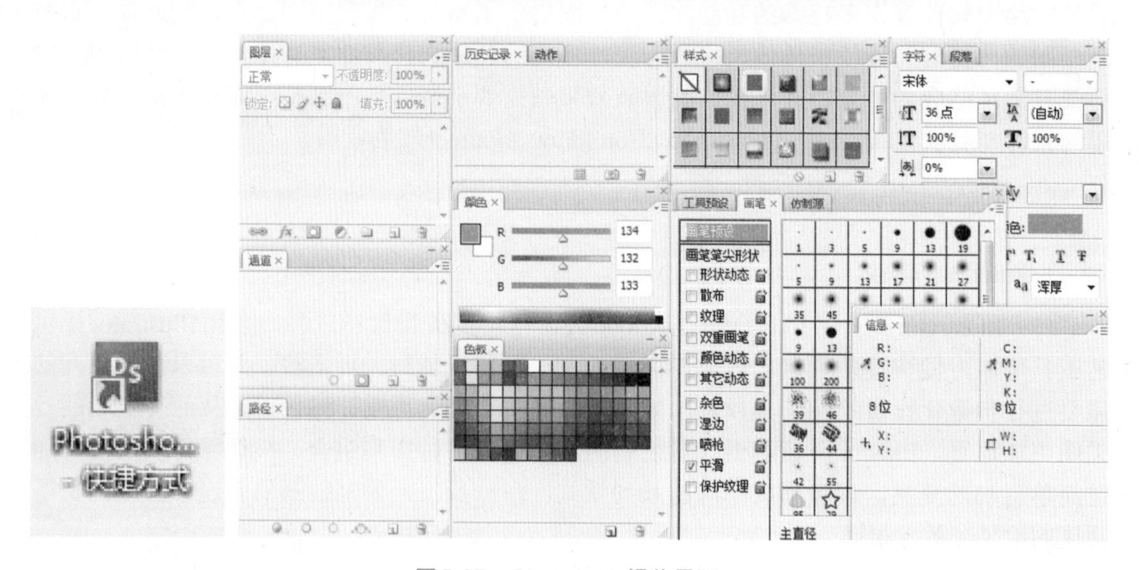

图5-37　Photoshop操作界面

（3）Photoshop绘制时装画步骤

① 步骤一：扫描线稿。双击桌面Photoshop图标，进入软件操作界面。在菜单栏“文件”中选择导入扫描仪，调整适当的分辨率完成扫描线稿图像。一般300dpi即可。在条件不完备时，也可以利用像素较高的相机、手机等设备拍照后将图片导入到电脑，再利用PS调整图片的对比度等来获得较清晰的线稿。用PS打开一张像素高的位图，利用钢笔工具沿着位图上图像的轮廓勾勒也可以获得线稿，而且清晰，便于后续操作。

② 步骤二：线稿的整理与处理。如果扫描的线稿不够清晰，可以对其进行整修。执行菜单栏“图像—调整—色阶”命令，在色阶对话框中分别选择“在图像中取样已设置黑场”对准图像中的线条部分和“在图像中取样已设置白场”对准图像中的背景部分，这时线条变黑了，灰白色的背景变白了。

③ 步骤三：使用钢笔工具描摹线稿。选择工具箱中的“钢笔工具”细致地对时装人物和服装线稿进行描绘。在图层浮动面板中新建一个图层，并使用工具箱中“油漆桶”工具将图纸填充为白色，在图层浮动面板中的“设置图层的混合模式”里选择“正片叠底”模式。单击“背景”层旁的“指示图层可见性”按钮，将有扫描图稿的背景层进行隐藏。

④ 步骤四：描边路径。选择工具箱中的“画笔工具”，并将画笔设置为理想笔触形状。打开“路径”控制面板，点击“用画笔描边路径”按钮，Photoshop将快速地使用画笔对路

径进行描绘。描摹完毕后，在“路径”面板中的空白处单击，即可隐形所有路径形状。

⑤ 步骤五：时装人物的绘制。在“图层”控制面板中“线稿”图层的下方新建名为“人体”的新图层。在工具箱中将“前景色”设置为理想的皮肤色，沿线稿形状描绘出人体的部分皮肤颜色。分别使用工具箱中的“减淡工具”和“加深工具”并设置其画笔大小后，在人物皮肤处来回拖拽，以获得理想的明暗效果。使用相同方法绘制出人物五官和头发，并将其建立在不同的图层上。

⑥ 步骤六：图案面料的贴入。执行菜单栏“文件”中的“打开”命令，将理想的面料图片文件打开后，执行菜单栏“选择”命令中的“全部”，再执行菜单栏“编辑”中的“拷贝”命令，然后将其关闭。使用工具箱中的“多边形套索工具”，对图像中的裙子部分进行选择，执行菜单栏“编辑”中的“贴入”命令，将面料图片贴入裙子的选区。

⑦ 步骤七：面料的调整与塑造。选择菜单栏“编辑”中的“自由变换”命令，调整贴入的面料图片到合适的大小为止，再按下【Enter】键确定。使用工具箱中的“加深工具”和“减淡工具”并设置其画笔大小后塑造服装的明暗效果。

⑧ 步骤八：色彩的调整。在“裙子”图层处于当前工作图层的状态下，执行菜单栏中的“图像—调整—色相/饱和度”命令，通过设置随即弹出来的对话框数值，使裙子产生色彩的变化。综合以上操作方法，创建裙子上的腰带部分，并塑造其明暗效果。

⑨ 步骤九：文件的保存。整个绘制完成后，执行菜单栏中“文件—存储”命令，在弹出的对话框中设置文件名，选择“PSD”文件格式，将文件保存好（图5-38）。

图5-38　表现完整风格鲜明的电脑效果图

3.Painter和Coreldraw简介

（1）Painter简介：Painter意为“画家”，是加拿大著名的图形图像类软件开发公司——Corel公司推出的基于栅格图像处理的图形处理软件。它的最大优势在于，除了具有任何图像软件应有的功能外，还提供了丰富的画笔种类工具和各种素材库。不仅能模仿现实中的各种绘画风格和绘画技法，还能随心所欲地创造出新的特殊的效果，开创了一个充满创造力的计算机绘画空间。对于服装设计师来说，该软件可以使绘制的时装效果图达到以假乱真的效果。此外，Painter与现代计算机绘画工具——数位板的组合更是完美。它能灵敏地感应压笔在数位板上的绘制轻重与压力大小，使画面产生虚实、浓淡等微妙的变化，让使用者体会到现代计算机时装画无纸绘画方式的乐趣。但Painter在成衣设计中并不常用。它更像是一个“画家”，一个复杂的图像处理软件。

（2）Coreldraw简介：Coreldraw是Corel公司推出的基于矢量图形处理的图形处理软件，是当今世界上最庞大、最丰富、最优秀的绘图软件之一。利用它可以进行绘制艺术标题、招贴海报、文本标注、复杂图形画面和图形修整等工作。可以对服装设计师的矢量设计图进行进一步处理与加工，也可以生成矢量图形的时装效果图。还可以编辑从其他应用程序输入的图形、图表、文本、照片。

由于计算机绘画软件很多，而且各个软件都大同小异，本书就不作详细介绍了。

（二）计算机绘制的着装效果图

使用计算机软件尤其是Photoshop软件绘制效果图，能够提供不同类型的线条，并且运用复制、对称、剪贴、缩放、变形等图形编辑功能快速而准确地绘制出服装款式效果图，其强大的色彩库也能满足设计中不同产品的需求，能够真实地表现服装的面料及色彩，最终创作出线条整洁、结构分明、色彩均匀的成衣设计效果图，应用于不同实际需求（图5-39）。

与手绘相比，它具有绘制过程简洁快速，工具应用方便快捷，是商业设计的重要表现手段。在计算机表现风格上主要有超写实风格，达到与实际物品逼真的写实效果；也有手绘风格，类似手绘的计算机效果体现了手绘的生动和细腻。同时还有手绘与计算机结合的计算机效果图（图5-40）。

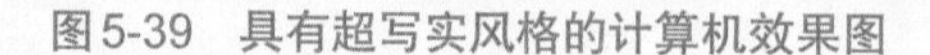

图5-39　具有超写实风格的计算机效果图

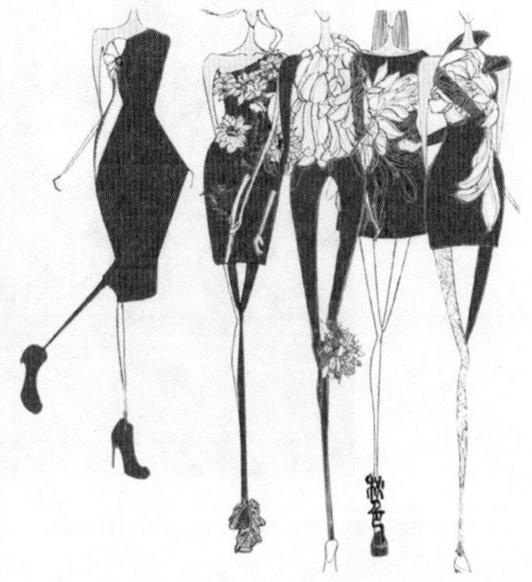

图5-40　具有手绘特点的计算机效果图

计算机带来的强大绘图功能深受设计师和在校学生的青睐，随着软件的不断升级，相信未来计算机绘制效果图的视觉冲击力会更加吸引人。需要强调的是无论哪种风格的计算机绘制效果图，其完整、熟练、准确的表现效果都取决于绘图者的基本的美术功底和对服装的理解，抛开这一点而一味强调和追求计算机的超炫效果无异于天方夜谭（图5-41）。

图5-41 手绘和计算机结合的效果图

（三）计算机绘制的平面款式效果图

常用来绘制平面款式效果图的计算机软件是Coreldraw和Illustrator，特别是Illustrator基本已成为职业设计师常用的绘制平面款式效果图的工具。相较于Coreldraw的容易入手和简便，Illustrator功能更齐全，绘图效果更理想，尤其彩色平面款式效果图的面料颜色填充是Coreldraw不能比拟的。

基于款式图的严谨特性，更多的设计师喜欢用计算机绘制款式图。计算机绘制的款式图更加对称、工整，且能轻松绘制出流畅圆顺的线条，同时拥有丰富的色彩和真实的面料质感。在现代高校教育和商业设计中，计算机的快捷、简便和容易修改的绘图方法广受欢迎（图5-42）。

计算机绘制的平面款式效果图有粗细线条法、面料填充法、色彩与图案填充法。无论哪种方法，计算机绘制平面款式图都更加高效、准确、精细（图5-43）。

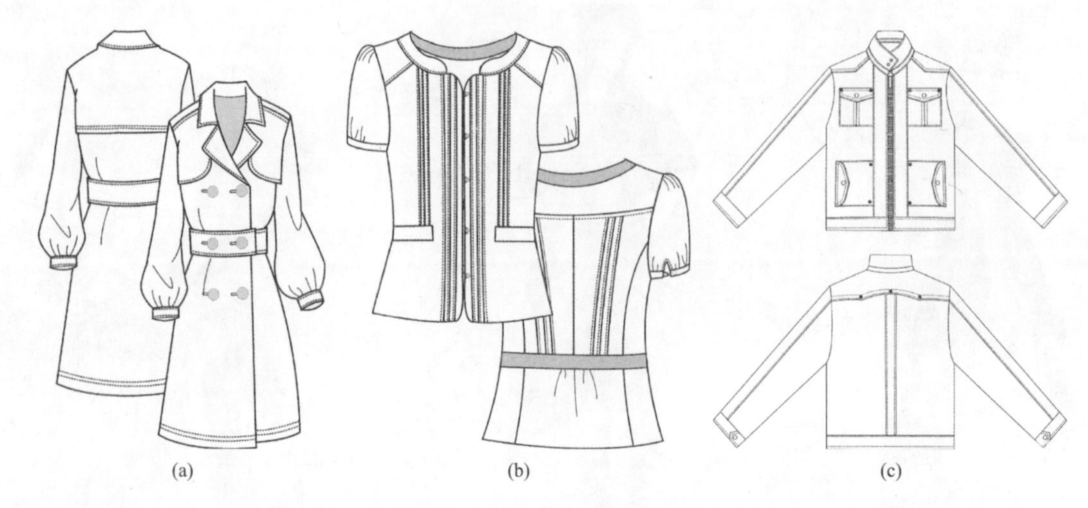

图5-42 单线表现的平面款式图

图5-43 具有图案、面料效果的平面款式图

用计算机绘制的平面款式图弥补了手绘自由随意的缺陷，予以观者一种干净、清晰的感受（图5-44）。

服装平面图同样要结合人体的特点来表现。无论在外部造型上，还是内部结构分割上，都要考虑到人体，分割、开衩等的部位一定要与人体本身的特点及活动规律等相符合。黄金比例的应用在服装平面款式效果图中具体到服装的长宽比、衣长与身高的比、衣长与裙长比等，这样即使是比实物缩小很多倍的款式图依然能保证可以判断出其实际的大小、比例，而不是成人款式的服装缩小到1 ∶ 5的款式图后看起来像童装的效果（图5-45）。

由于多数服装的结构都是对称的，因此表现服装平面款式结构时就要充分考虑到这一点。用计算机绘制平面款式图的时候，只要先绘制出一边，然后通过对称复制即可将另一边画好。手绘款式效果图时要注意绘制的线条对称、平衡、协调。

图5-44　填充实际面料效果的平面款式效果图

图5-45　填充了色彩和图案的平面款式效果图

第三节 成衣设计效果图绘制的基本思路

一、确定主题

（一）灵感与调研

在绘制新的设计效果图之前需要素材来源，即灵感来源。灵感来源决定了系列效果图表现的基本风格和特点，以及设计图的原创性。本系列主题灵感来源于“瓷”，中国的瓷多温润，肌理、色彩、质感以及由表及里表现的意境都成为本系列设计效果图的灵感来源（图5-46）。

图5-46　灵感来源——瓷器肌理特点

灵感来源确定好以后，需要根据灵感来源寻找、归纳、确定图片。首先，从图片中提取一定的设计元素。例如本系列灵感来源为瓷，从瓷的图片中，可以看出陶瓷自然形成一

图5-47 质感特点

些不规则的纹理效果。其次，陶瓷的人工轮廓线条。陶瓷呈现出的丰富多彩的纹理效果为后续的绘图提供了肌理特点（图5-47）。

陶瓷原石的不同，制作和烧制的方法也不同，都会使陶瓷呈现出不同的质感。在制作过程中，陶瓷的釉质不同，也会使陶瓷呈现不同的质感。陶瓷表现出细腻、柔和、温润的质感特点也是灵感来源图片中需要提取的主要元素（图5-48）。

图5-48 纹饰

经过陶瓷艺人的巧夺天工，每一件陶瓷的装饰纹样与陶瓷本身特点契合的同时又兼具艺术价值。经典的海水纹饰，取之吉祥绵延之意。海水布局为圆圈形式，多为八至十圈，中心为海螺纹或饰一朵花卉。画面为游龙出没于惊涛骇浪之中。行云与海水均以青花和绿彩组成，浪涛则不施彩，显现出浪涛天的气势。陶瓷所具有的纹饰特点为效果图的创作提供了具有中国韵味的创作元素。

（二）流行趋势分析

在创作和绘制效果图之前需要做一定的设计调研。设计调研主要包括流行趋势调研和消费群的调研。一副成熟、完整、时尚的成衣系列效果图是建立在大量的、具体的设计调研基础上的，也使得设计效果图具有实用、时尚的特点，而不是纯粹设计技巧或款式的展示。本系列设计调研中流行趋势的调研主要基于近年来时尚趋势的总体方向。随着中国走向世界，世界的眼球越来越关注中国，近年来的各大时装周也争相以中国元素作为设计灵感以迎合消费观。青花瓷的典雅，龙纹的大气，梅花纹饰的秀丽，给服装更加强烈的设计理念。因此，选择能体现中国特色同时又简洁的瓷为灵感来源无疑是合适的（图5-49）。

图5-49 中国风图案装饰

流行趋势的调研还包括廓型。简洁、舒适俨然已成为现在流行的代名词。在这个变化就是时尚的今天，简洁流畅的廓型以一种不可取代的地位占据时装周的重要位置。大廓型的流畅剪裁给人一种大气中不失优雅的设计感。因此，此系列以简洁的箱型为设计特点，迎合了目前时尚的箱型和H型的流行廓型（图5-50）。

图5-50　简洁流畅廓形

（三）主题策划

本次设计的灵感来自中国元素的代名词“陶瓷”，取自瓷器细腻光洁的质感特征、流畅温润的轮廓线条和器具上巧夺天工的海水纹装饰纹样。将这三者结合起来，加之现今流行的简洁廓型进行创作设计。最后确定主题为“心·瓷”（图5-51）。

图5-51　主题板

（四）色彩策划

本系列色彩选用本白色。通过不同质感和肌理的面料效果来呈现陶瓷光洁、细腻的质感（图5-52）。

图5-52　色彩板

二、创作系列设计草图

（一）创建人体模板

根据系列的设计风格，选择适合服装搭配的人体模板。人体模板主要由绘制的人体动态决定，为之后的人体着装奠定基础（图5-53）。

（二）系列设计的人物构图模式

将系列效果初步构图并进行调整，构图按照款式风格特点以及系列形成的效果来确定（图5-54）。

图5-53　人体模板

图5-54　系列效果初步构图

三、根据主题绘制效果图草稿

先根据主题灵感来源图片绘制细节，表现清晰生动，为下一步的完整稿打下一定的基础（图5-55）。

图5-55　细节设计绘制

（一）绘制正稿

1.绘制效果图线稿

根据细节设计完成效果图的整体构造和细节设计，将突出的设计点运用于整个设计之中，使整个设计具有系列感（图5-56）。

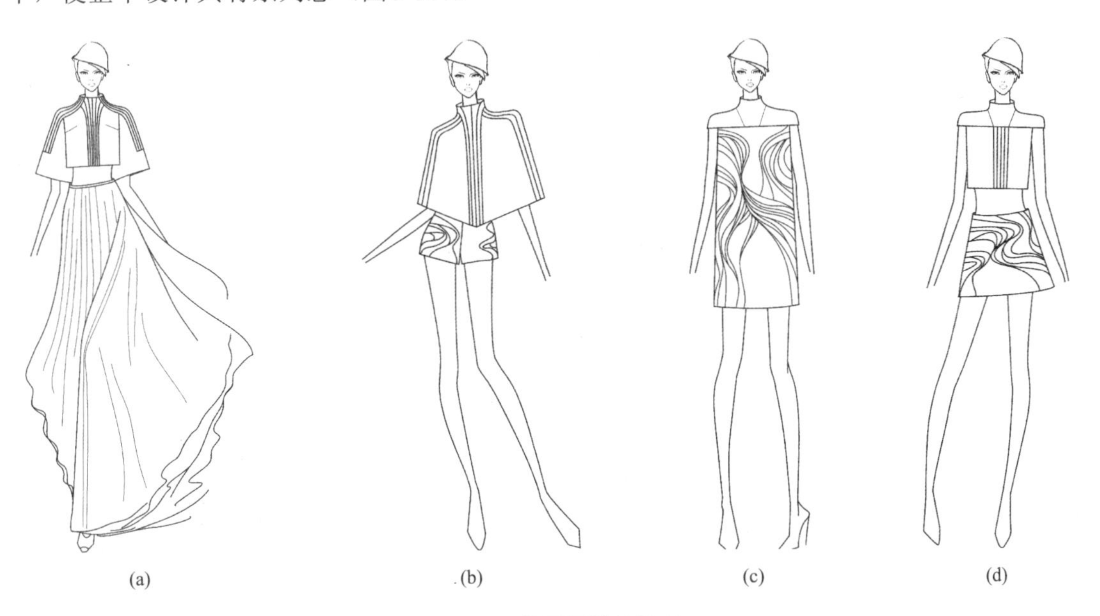

图5-56　效果图线稿绘制

2.计算机着色和添加纹理

（1）将手绘线稿拍成照片形成图片格式，然后用AI中的钢笔工具勾线，形成干净整洁的外部线条（图5-57）。

(a) (b)

图5-57 导入图片格式

（2）将AI勾线完成的线稿导入PS中，在PS中进行上色（图5-58）。

(a) (b) (c) (d)

图5-58 计算机着色

（3）通过阴影、加深减淡工具以及变换等工具的使用，完成线稿的上色。因为此系列服装为白色，因此上色较简单。主要强化肤色的效果，达到凸显服装的白色。之后存储文件（图5-59）。

（4）新建一个画布，将已经上色完成的人体拖动到画布上。通过不同图层的转换和自由变换工具进行调整，使人体达到理想的大小和位置（图5-60）。

图5-59　整体着色

图5-60　整体编排

（5）新建一个图层，在新的图层上完成设计稿背景的设计（图5-61）。

图5-61　背景绘制

（6）调整着装图与背景的大小和色彩，使之和谐，以符合设计理念（图5-62）。

图5-62　背景和服装整体融合协调

（二）款式说明图的演示

效果图绘制好后选择两套制作出成衣，要求先有效果图和款式图展示的说明图，效果图是着装图，款式平面图包括正背面款式图、细节指示、填充面料效果（图5-63）。

之后加上两个款式的生产工艺指示书，具体内容包括正背面单线服装款式图；款式特点及工艺要求等；主要部位规格表，单位用cm；面料小样及原辅料耗用量等（图5-64）。

图5-63　制作一——款式效果图和平面结构图结合的展示

图5-64　制作二——款式效果图和平面结构图结合的展示

（三）生产工艺指示书的演示

两套服装的生产工艺指示书，清晰、准确地表现成衣平面结构图到具体尺寸的效果（图5-65）。

（四）成衣效果展示

成衣展示效果即成品实物图，展示成衣穿着效果和局部细节。清楚地体现从图到制作最后成型的过程（图5-66）。

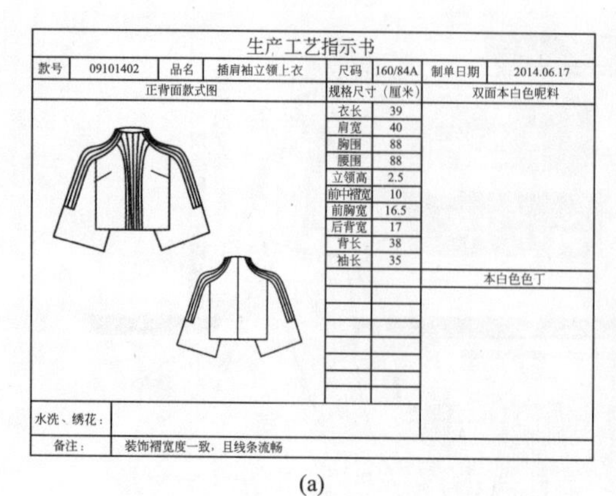

生产工艺指示书							
款号	09101402	品名	插肩袖立领上衣	尺码	160/84A	制单日期	2014.06.17
正背面款式图				规格尺寸（厘米）		双面本白色呢料	
				衣长	39		
				肩宽	40		
				胸围	88		
				腰围	88		
				立领高	2.5		
				前中褶宽	10		
				前胸宽	16.5		
				后背宽	17		
				背长	38		
				袖长	35	本白色色丁	
水洗、绣花：							
备注：	装饰褶宽度一致，且线条流畅						

(a)

生产工艺指示书							
款号	09101403	品名	双绉碎褶大摆长裙	尺码	160/84A	制单日期	2014.06.17
正背面款式图				规格尺寸（厘米）		本白真丝双绉	
				裙长	115		
				臀围	300		
				下摆围	300		
				腰围	68		
				腰宽	1.5		
				拉链长	22		
						本白色雪纺	
水洗、绣花：							
备注：	腰部碎褶均匀，拼接处线条流畅						

(b)

生产工艺指示书							
款号	09101401	品名	立体纹饰连衣裙	尺码	160/84A	制单日期	2014.06.17
正背面款式图				规格尺寸（厘米）		双面本白色呢料	
				衣长	90		
				肩宽	40		
				胸围	86		
				腰围	87		
				臀围	88		
				下摆	90		
				前胸宽	16.5		
				后背宽	17		
				背长	38		
				立领高	2.5		
				拉链长度	60	真丝双绉	
水洗、绣花：							
备注：	用真丝双绉制作成长条，车缝在大身面料上，注意线条的流畅						

(c)

图5-65 两套服装的生产工艺指示书

(a) (b)

图5-66 成衣图

四、成衣设计效果图的作用

作为一种体现设计师构思的有效表现途径，成衣设计效果具有展示设计、沟通设计、表现设计理念和款式造型的基本作用，它不是时装画，需要体现一定的历史、文化、风格，而是服装专业学生构思毕业设计、参加大赛投稿、入职服装公司以及入职之后的必要技能，是服装工业化生产或打样前的预想效果。根据成衣设计效果图的基本类型，其基本的用途以及应用范围具体如下。

（一）毕业设计构思展示

服装设计专业的学生在校期间必须掌握的技能之一就是画设计效果图，而毕业设计从灵感来源、主题构思到设计图的表现最开始必须通过设计效果图表现出来，也是开始毕业设计制作前的必经过程。指导老师只有从具体的图稿中才能一窥学生具体的设计构想以及接下来制作的可能性。因此，成衣设计效果图是在校设计专业学生将汇总的设计元素、脑海中对服装款式的构思和想象落实到纸面并通过导师审核、评判的重要方式，没有其他任何一种形式可以起到设计效果图这么快捷迅速地让其他人领会设计者的设计意图的作用（图5-67）。因此，一幅合格并且优秀的毕业设计效果图是毕业设计制作的良好前提，也可以作为训练学生手头表达以及基本的审美、画面编排的严谨以及将想象落实画面的有效途径，为后续的设计制作奠定良好的开端（图5-68）。

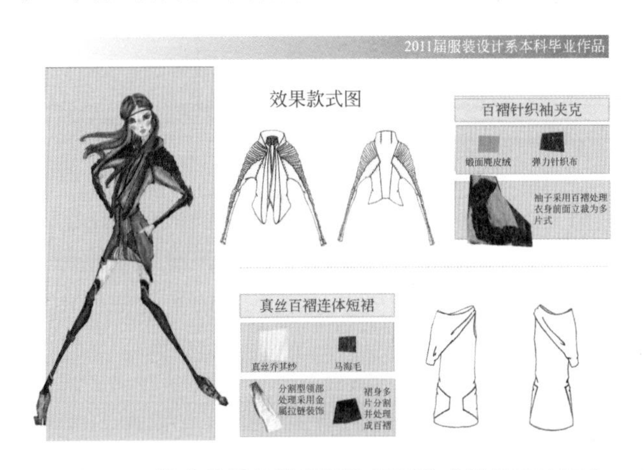

图5-67　毕业设计着装效果和平面款式效果图的组合

图5-68　以悉尼魅影为主题的毕业设计效果图

（二）设计大赛构思投稿

国内设计比赛自开始以来，采用设计效果图的方式投稿并审稿的模式直至现在仍是主要的方式，目前还没有更好的模式替代这种方式[图5-69（a）]。效果图作为设计师表现设计思想的一种常见的途径，在参赛中更是占有举足轻重的地位。因此，画好设计效果图是入围各类大赛的必要手段，只有一幅表现准确、精细，完整地体现出设计者构思的设计效果图才能最终赢得评审的青睐并在众多参赛选手中入围大赛。因此，对设计效果图的专研和练习是入围各类设计大赛的必经过程。同时选用一种合适的表现方法来表达设计思想，不仅需要不同工具的交叉使用，更需要在效果图上有所创意和创新，同时不可避免地要求设计师具有扎实深厚的绘画功底以及画面的掌控能力，一如才华横溢的导演，在纸面上倾情编绘出精彩的设计故事[图5-69（b）]。

图5-69　第二届“石狮杯”全国高校毕业生服装设计大赛入围设计稿

大赛效果图的绘图手法通常都是手绘和计算机，可以根据设计的特点选择表现的方法。效果图通常包括着装系列效果图和正背面平面款式效果图，两者结合，让评审可以清晰地看到设计师从感性到理性的严谨的创作过程和思路，同时看到在成衣制作前实物操作的可行性，以此是否判断入围（图5-70）。

图5-70　第九届“COCOON杯”中国国际女装设计师大奖赛入围稿

（三）款式开发构思展现

服装公司产品开发构思以及工业化服装产品生产通常都采用手绘和计算机为主的设计绘图方式在产品制作之前表现出来，在学生求职设计和入职设计中，绘制效果图的能力是最基本的，也是目前入职各类设计公司、招聘设计师的主要方式（图5-71）。而在公司产品开发时，设计师也通过设计效果图来表现整个一季产品开发的款式构思，通过设计效果图和设计部门人员、板师、样衣工进行基本的沟通（图5-72）。

图5-71　针织、机织服装款式设计效果图

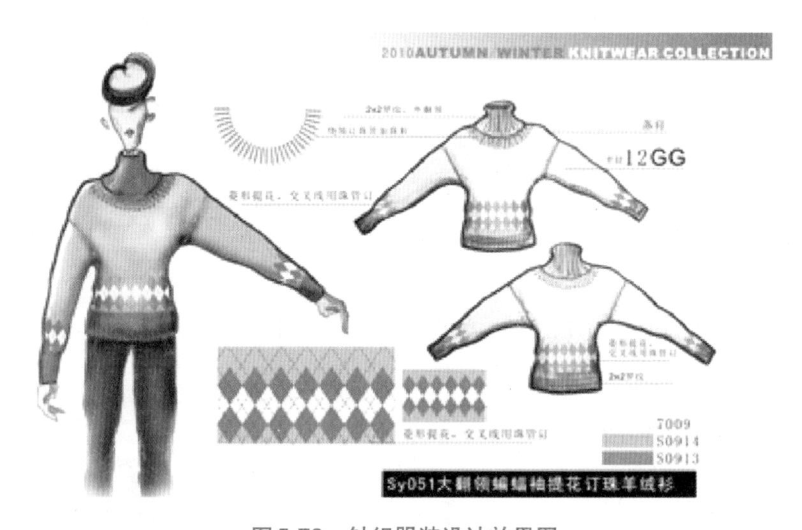

图5-72　针织服装设计效果图

（四）生产工艺单款式制图

款式效果图是成衣效果图中重要的一部分，同时也是工业化生产的必备图。在服装生产中起到以图代文的设计说明的作用，在服装企业有重要的使用价值。而服装设计与工程专业的学生在毕业设计册中有一项重要的内容就是生产工艺单的图表绘制，在这份生产工艺单中模拟企业生产的具体形式，提前让学生系统掌握服装工业生产的必备要求。

用于生产工艺单图表中的平面款式效果图是打样和生产的重要图形依据，以图说话成为设计师的基本能力，绘制准确、结构合理的平面款式效果图以一种形象具体的视觉表现为打板师和工艺师提供了一个样衣生产前的生动预想，是生产工艺单中必不可少的内容（图5-73）。

样衣生产工艺单

款号：zy02　名称：仿皮女装	规格表(M码　号型　160/84A)					单位：cm
下单日期：2010/06	部位	尺寸	部位	尺寸	部位	尺寸
款式图：	衣长	75	腰围	72	袖口	26
	肩宽	39	袖长	58		
	胸围	98	领围	39		
	工艺说明及注意事项： 1.整件衣服求尺寸与规格一致，不允许有0.5cm以上的误差 2.线迹要求顺直，不允许有断线。 3.整件衣服要求慰熨烫平服，不允许有皱纹。 4.线头干净，包装美观。					
修改记录：无	面料：仿皮面料 面料门幅：144cm 辅料：铆钉　银色拉链					

[第十页：zy02款样衣制作工艺单]

图5-73　毕业设计册生产工艺单中的平面款式效果图

在设计生产过程中，款式平面图通过设计主管的审查，发给制板部门，制板部门通过款式平面图中的款式造型及设计说明来指导制板，确保服装产品的款式及工艺质量的准确性（图5-74）。

公司–样品工艺单

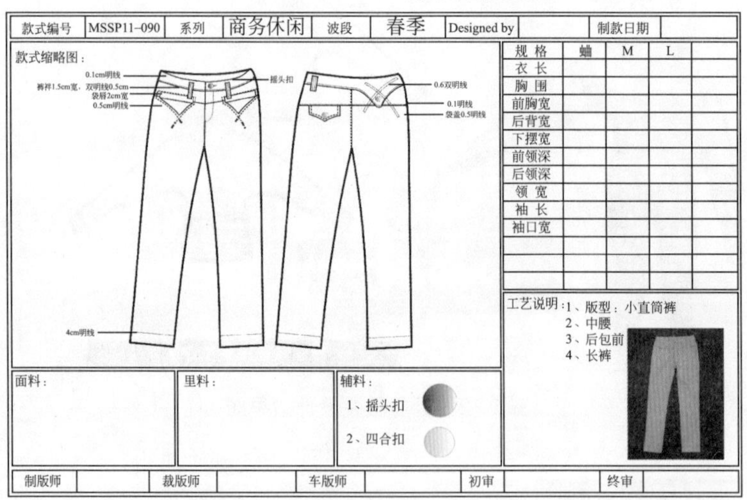

款式编号	MSSP11–090	系列	商务休闲	波段	春季	Designed by		制款日期	

款式缩略图：

规 格	蛐	M	L	
衣 长				
胸 围				
前胸宽				
后背宽				
下摆宽				
前领深				
后领深				
领 宽				
袖 长				
袖口宽				

工艺说明：1、版型：小直筒裤
2、中腰
3、后包前
4、长裤

面料：	里料：	辅料： 1、摇头扣 2、四合扣

制版师		裁版师		车版师		初审		终审	

图5-74　样衣工艺制作单中的平面款式效果图

款式平面效果图对款式的结构必须交代清晰，必要时还必须用文字将明线、结构缝等图文标示交代清楚，对于款式细节的表现也是重点。

（五）宣传的表现

成衣设计效果图也广泛应用于宣传或报刊、杂志、橱窗、看报、招贴等地方，或某时装品牌、设计师、服装产品、流行预测或时装活动的宣传活动中。尤其是每一季的流行预测概念版当中，流行机构会通过设计师的设计效果图提前演示新一季流行的主打造型。这一类的效果图要求能传达给观者基本的廓型、细节、色彩、面料等流行元素，具有一定的导向作用（图5-75）。

(a)

(b)

图5-75　新一季流行预测主题下的主打造型效果图展示

思考题

1.成衣设计效果图稿的特点有哪些?

2.成衣设计效果图稿的要求与其他效果图的要求有何不同?

3.成衣设计效果图的基本类型各具有什么特点？表现侧重点在哪?

4.计算机绘图软件有哪些？对成衣设计表达技法的提升有何特点？具体应用应注意哪些方面?

第六章 成衣设计管理

教学目标

本章主要介绍设计管理的基本概念；成衣设计管理的基本概念、基本方法和基本内容。

授课重点

设计管理的基本概念和目的。

第一节 设计管理

设计管理是近年来企业管理中出现的科学管理思想，是将设计的思维方式加入到企业管理的策略制订和执行之中。设计管理目前有两种解读，一种是企业经营管理中的灵活的设计思维和方法，另一种是某些企业的设计部分工作内容的管理方法与策略。

设计管理，是现代企业经营战略的重要组成部分之一。设计指的是企业在经营活动中，把某种计划、规划、设想以及解决问题的方法，通过视觉的方式传达出来的过程。设计的内容包括三个方面，即计划和构思的形成、视觉传达方式以及计划通过传达之后的具体应用。管理指的是由计划、组织、指挥、协调及控制等各职能要素所进行的活动过程，其基本功能包括决策、领导、调控等三个方面。

一、设计管理的概念

设计管理的概念是根据使用者的需求，有计划、有组织地进行研究与开发管理活动，有效地积极调动设计师的创造性思维，把对市场和消费者的认识转移到新产品中，以新的、更合理、更科学的方式影响和改变人们的生活，并为企业获得最大化利润所进行的一系列设计策略与设计活动的管理。

设计管理既是企业设计的需要，也是企业管理的需要。当今的设计已发展成为一项有目的、有计划，与各学科、各部门相互协作的组织行为。设计管理研究的是如何从各个角度、各个层次整合、协调设计所需的资源和活动，并对相关的设计策略与设计活动进行管理，寻求最合适的解决方法，以达成企业的目标和创造出有效的产品（或沟通）。

目前，设计管理的内容日益发展完善，具体有企业设计战略管理、设计目标管理、设计程序管理、企业设计系统管理、设计质量管理、知识产权管理六个方面。

二、设计管理的目的

设计管理的目的是把设计放在企业的全程盈利链和营运链中，基于设计创意规律和产品盈利规律，发现和研究在企业不同阶段与设计相关的所有问题，通过建设和优化企业现有的设计营运体系，提高产品开发设计的效率，最终实现企业及其品牌产品的良性循环和持续发展。简而言之，设计管理就是以更加科学、有效的方式、方法，对企业的经营活动进行设计和管理，从而实现更高的效率和利润。

第二节 成衣设计管理

成衣设计管理是成衣业在生产、销售等经济活动中，采用设计管理的战略手段对企业活动的管理和运作。成衣设计管理是随着我国的成衣业的日益发展而逐渐形成的系统的管理思想和方法。随着科技和成衣业的发展，成衣设计管理的内容正在不断扩大和优化，电子时代的今天，发达的网络技术更是给成衣业的设计管理提供了强有力的技术支持和操作平台。

一、成衣设计与设计管理

成衣设计泛指一定规模的批量服装的设计、生产与销售。成衣产品是批量生产的服饰商品，不同于单件服装的定制加工，成衣设计具有自己的特点和需求，成衣产品既有一定的时尚流行性，也有满足市场普遍需求的广泛性。因此，成衣产品的设计、生产、市场营销等各个环节都需要保持高度的一致性。只有有计划、有组织的设计管理，企业才能既保持稳定的设计生产和品质，又能紧跟时尚潮流、不断创新，以应对复杂多变的市场需求。

成衣设计管理是企业采用一系列的设计方法、设计策略，通过对成衣产品的设计、生产、经营等活动进行有效的控制和管理，实现产品风格和品质的稳定，成衣设计管理的最终目的是降低产品滞销和库存的风险，实现企业的盈利和品牌的持续发展。

二、成衣设计管理的基本理念

成衣设计管理的基本理念是根据企业和品牌的定位，以维护和提高产品的设计品质为目标，通过有效的设计管理，对企业的设计生产、经营活动进行过程控制和结果控制。

成衣设计管理的理念是企业内部系统的、根本的设计管理思想，是对企业产品的基本设想、企业经营的目标与追求、企业品牌发展方向的规划，是所有具体设计、生产、管理活动的根本原则。

成衣设计管理的基本理念包含以下三个方面。

① 对消费者市场及经营环境的认知。

② 对企业品牌的认知与管理。

③ 对完成企业目标的认知与管理。

对消费者市场及经营环境的认知指的是对企业生存环境和销售终端的理解与控制；对企业品牌的认知与管理是企业内部品牌文化内涵的继承和发展；对完成企业目标的认知与管理是指围绕实现企业生存、盈利为目的的一系列经济活动。

清晰、完整、统一的设计管理理念，可以在企业经营中发挥极大的功效。一套成熟的设计管理理念通常是企业长期的实践经验和理论总结的结晶。成衣设计管理的理念应贯彻在企业经济活动的每一个步骤中，并通过持续不断的贯彻执行，确保实现企业的最终商业目标。

三、成衣设计管理的基本方法

成衣设计管理的基本方法有贯穿整个企业活动的设计品质控制、设计成本控制和市场计划安排等。

设计品质控制主要是对产品的设计品质、制作品质的控制，是品牌品质的集中体现。设计品质控制包括单件样衣的设计品质控制和批量成衣的设计品质控制。

设计成本控制主要是指对产品从设计构思到投放市场所耗用的原材料、加工和时间成本的控制。设计成本的控制直接影响整个企业的收支盈亏，对企业的生存和发展具有极其重要的意义。

市场计划安排主要是指对产品设计、生产及上市销售的时间段控制。服装市场竞争激烈，服装产品具有较高的时效性，只有通过制订和执行严格的时间计划表，企业才能对市场作出快速、准确的反应。

成衣设计管理的基本控制通常会借助与量化的数据系统来体现。例如，某企业生产过程中，某款成衣加工成本低廉，销售情况较好，表现出短短2个月内就收回成本，由于生产成本周转快速，因此三次反单重复生产，库存水平为零……量化的数据直观地体现了某款成衣的综合价值状态。

第三节 成衣设计管理的内容

根据企业活动的不同阶段，成衣设计管理的内容主要包括成衣市场调研、成衣产品的定位、成衣系列产品的策划、实现及后期市场反馈几部分。

一、成衣市场调研

在组织具体的设计开发之前，企业需要对目标市场、流行讯息、销售环境、消费者信息、企业销售状况、同行经营状况以及国内外科技情报等信息进行收集与分析。

（一）市场调研的内容

市场调研是设计开发前一个重要环节。企业通过充分的市场调研，能够了解真实的市场需求和商机；市场调研也能帮助企业发现产品的缺点和经营活动中存在的问题。企业只有保持与市场的密切联系，根据自己品牌的定位，进行产品的设计开发，才能设计出市场真正需要的产品，企业才能在竞争激烈的行业中生存并发展。成衣市场调研的具体内容如图6-1所示。

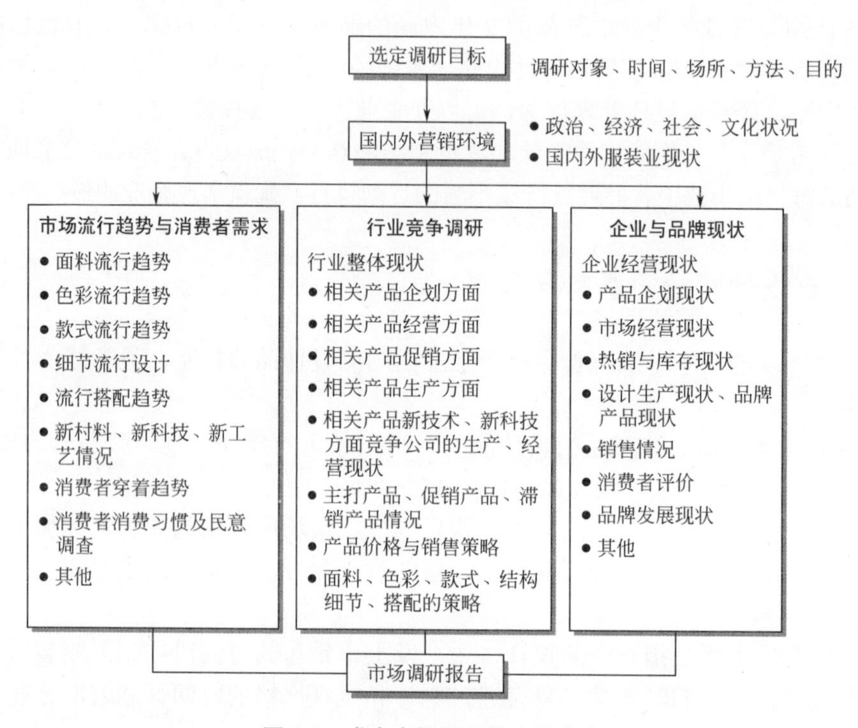

图6-1 成衣市场调研的主要内容

（二）市场调研的步骤

成衣市场调研需要经过步骤策划和规范执行，才能确保有效的调研结果。常用成衣市场调研步骤如图6-2所示。

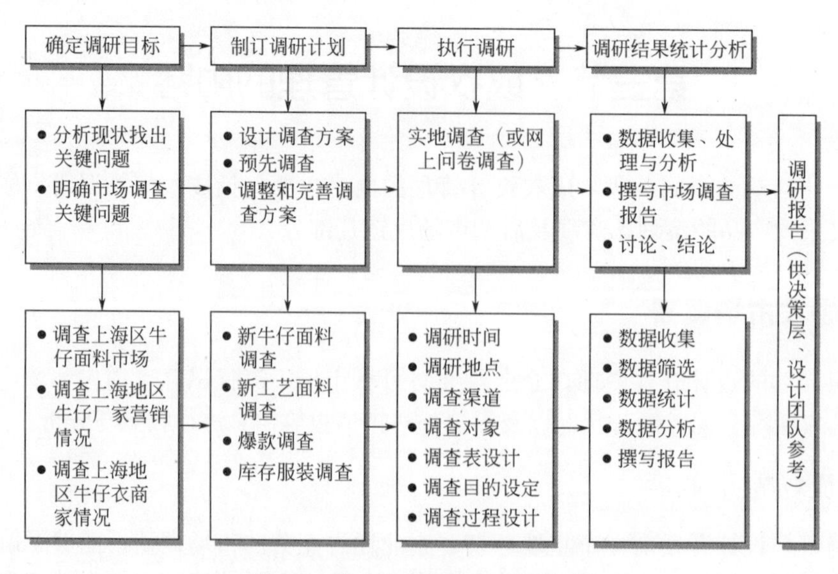

图6-2 成衣市场调研的主要步骤

通常情况下，市场调查是由一系列收集和分析市场数据的步骤组成。市场调研每个步骤都会影响后续步骤的执行和调研的准确度。

1.确定调研目标

确定调研目标，由于市场调查的主要目的是收集与分析资料，以帮助企业更好地作出决策，因此市场调查的第一步就是根据企业需要和市场情况确定调研目标。

成衣企业通常需要了解目标市场的供需情况，通过对上、下游相关企业和销售终端的了解，确定自己的战略方向和战略目标。

2.制订调研计划

制订调研计划是制订一个收集所需信息的具体可行的有效的方式，它需要确定的有数据来源、调查方法、调查工具、抽样计划及接触方法。如果没有适用的现成资料（第二手资料），原始资料（第一手资料）的收集就成为必需步骤。

成衣企业由于成衣产品的特点，在每次大规模生产前都存在不同程度的调整和变动，因此，每一次调研计划都需要根据具体的季节、地域、对象及相关因素作灵活的详细、深入的调研。

3.执行调研

执行调研是调研进入具体操作阶段，是有效资料、数据的收集。执行调研中需要花费一定的财力、人力，规模较大的企业甚至要委托专门的调研机构进行调研。执行调研需要严谨、认真、客观和全面的操作，执行的结果将直接决定调研结论的价值和意义，也对后期生产计划具有重大的影响和作用。

4.调研结果统计分析

调研结果统计分析是对有效信息的整理、统计和分析。调研结果分析应编成统计表或统计图，凸显分析结果，并可从分析结果中看出调研目的实践情况。调研结果统计常用相关分析、回归分析等统计方法来辅助进行。

5.调研报告

调研报告是对市场调研的总结性书面报告，可分两类，一类是专门性报告，一类是通俗性报告。专门性报告是提交给技术部门的专业性较强的调研报告，例如市场部门就流行色提交给设计部门的色彩调研表；通俗性报告专业性较弱，内容较笼统，例如提交给决策层的市场服饰淡旺季调研报告。

（三）市场调研的方法

成衣市场调研常用的方法有观察法、调查法和实验法三种。

1.观察法

观察法是指通过观察预先设定好的调研对象，围绕着调研目标，收集和研究相关数据、情报的方法。例如某学生装品牌，每季产品策划前，会组织设计人员去不同学校观察学生的穿着，就学生装的色彩、款式、面料进行收集和分析，供设计开发新产品参考。

2.调查法

调查法是指通过问卷形式对目标消费群进行调查。调查法常用于收集原始数据，获得的信息较为直观、可靠和高效。随着电子商务的发展和普及，越来越多的企业借助于网络就品牌和产品情况进行问卷调查，调查法直接反应了消费者的兴趣爱好和购买习惯。

3.实验法

实验法是指选择合适的调研对象，在不同条件下，设计相同的实验目的，测评实验效果的调研法。例如，某内衣品牌计划采用新型的面料和工艺，调研中首先选择适用人群进行新旧产品的试用，然后就试穿效果和穿着感受进行定量的比较分析，得出合理的实验结论后，再决定是否进行新产品的推广和大规模生产。

（四）市场调研结果与分析

成衣市场调研的结果对于后期的产品策划、生产具有重要意义。在较全面考察市场情况之后，市场调研被整理成完整、客观的书面调研报告，作为设计生产和销售部门的主要参考资料。

成衣市场调研报告通常由原始调查资料和调研报告两部分组成，包括调研背景与目的、调研对象、调研时间与地点、调研方法与程序、调研结果分析等内容。调研报告应真实、客观地反映市场与调研对象的具体情况，内容精炼并贴合产品开发的需要，对企业的后期设计管理具有较高参考价值。

二、成衣产品的定位

成衣产品定位是企业在翔实的市场调研后，根据市场和自身经营情况，细化和目标化产品的决策过程。成品定位的最终目的是实现消费者满意和企业盈利的双赢。

成衣产品定位是通过产品设计、整体搭配、组合方案实现的。成衣产品定位是每季系列产品设计的航标，具体内容有目标消费群定位、产品类型定位、产品设计风格定位、产品生产销售方式定位以及产品工艺品质定位等，通常由企业决策层商议制订。

（一）目标消费群定位

成衣产品定位首先是研究消费群，从消费者的特点入手，进行市场的细分和目标化。消费者的特点主要从人口特征、生活习惯、心理特征和购买行为四个方面进行区分，内容包括性别、年龄、职业特点、经济状况、文化程度、个性气质、生活方式、兴趣爱好等，根据以上特点在人群中区分出目标消费者，作为产品的主要服务对象，见表6-1。

（二）成衣产品类型的定位

产品类型的定位包括产品价格的定位、批量生产的定位、产品种类的定位等内容。产品类型定位的依据是目标消费群和企业的生产加工资源。

1.产品价格定位

成衣产品的价格大致可分为高、中、低档。企业产品的价格定位有利于设计人员在进行设计时选择合适的原材料和加工难度。产品价格的定位取决于目标消费群，例如，针对

表6-1 香港荣泽实业目标消费者的特征调查表

	姓名	
	性别	○男 ○女
	年龄	○21～25岁 ○26～30岁 ○31～35岁 ○36岁以上
	婚姻状况	○未婚 ○已婚
	学历	○高中 ○大专 ○本科 ○硕士 ○博士 ○其他
	职业	○公务员 ○企业管理者 ○白领 ○私营业主 ○家庭主妇 ○其他
	收入水平	○1500～3000元 ○3000～4500元 ○4500～6000元 ○6000元以上
生活习惯	娱乐方式	□读书 □逛街 □上网 □听音乐 □看电影 □看艺术展 □摄影 □泡酒吧 □美容健身 □户外运动 □旅游 □其他
	交通工具	□私家车 □公交车 □出租车 □自行车 □步行 □其他
	就餐场所	□家中 □快餐厅 □西餐厅 □中餐厅 □小吃店 □其他
	节日爱好	□中国传统节日 □西方节日 □其他
	未来计划	□买房 □买车 □旅游 □美容健身 □培训学习 □其他
心理特征	媒介接触	□电视广告 □网络杂志 □朋友介绍 □其他
	服装杂志	□Vogue □秀 □瑞丽 □ ELLE □嘉人 □其他
	杂志栏目	□流行信息 □生活方式 □服装搭配 □美容保养
购买行为	购买时间	□促销打折 □换季打折 □大甩卖 □新装上市 □其他
	支付方式	□现金支付 □信用卡支付 □其他
	服装月消费	○200～600元 ○600～900元 ○900～1500元 ○1500元以上
	购买场所	○百货商场 ○专卖店 ○服装市场 ○网上购物 ○邮购 ○其他
	购买频率	□1周1次 □1周多次 □2周1次 □1个月1次 □无固定时间 □需要时才购买
	服装风格	□民族 □乡村 □华丽 □简约 □时尚 □其他
	喜好面料	□天然朴素的全棉面料 □华丽雍容的高档毛呢 □时尚化纤面料 □物美价廉的混纺面料 □特殊整理的新潮面料 □其他
	喜欢的色彩	□深色 □偏深 □一般 □偏浅 □浅色 □其他
	购买服装的因素	○款式新颖 ○穿着舒适 ○个性体现 ○质量较好
	品牌忠诚度	○是 ○否 ○不一定

目标消费者补充描述：

年轻消费者的成衣品牌常会将产品价格定位在中档或低档，以照顾他们收入和储蓄不高的经济状况；而高端成衣品牌则常将产品价格定位在中高档，以满足成熟的青中年消费者追求品质的心理需要。

2.产品批量生产的定位

产品批量生产的定位要根据特定地区的消费能力、人口流量、经营策略以及市场占有率和份额等因素来决定。产品价格定位会影响产品批量生产的定位。通常情况下，价格与批量成反比关系，价格越高的产品，批量越小。批量生产的定位必须符合消费市场的规律和需要。例如高档成衣，常常批量较小，且款式变化和市场更新均较慢，而低档的休闲装，则批量较大，款式变化丰富，市场以“跑量”作为商业盈利的主要手段。

3.产品种类的定位

产品种类的定位指的是产品的基本种类，企业在生产经营中根据目标消费群和生产加工资源确定产品的范围和界限，将产品类型具体化和条理化，以便更好地适应市场。成衣市场种类较多，无论是款式还是加工难易度，均存在较大差异，因此成衣企业目标产品种类的定位非常重要。常见的服装类别分类见表6-2。

表6-2 服装种类

女性服装种类	
类　别	描　述
休闲装和套装	休闲或稍正式场合穿着的服饰，常以套装和系列装来进行设计，单品需要能与其他产品随意搭配
休闲运动服装	休闲或运动场合穿着的服装，具有一定的流行性，强调舒适性和功能性
大衣和套装	原材料、款式设计和工艺品质都要求较高的服装种类，常用于较正式场合
工作服或制服	针对职业需要设计的服饰，具有较高功能性和职业标别性
针织衫和开衫毛衣	针织工艺的休闲装或正式场合的服装，具有一定的流行性
礼服	原材料、款式设计和工艺品质都要求较高的服装种类，常用于社交场合
内衣	包括内衣、浴衣等，具有一定的流行性，强调功能性和舒适性
服饰配件	头饰、帽饰、颈饰、腰饰、手套、袜类、鞋类、包件等，强调流行性和功能性
男性服装种类	
类　别	描　述
休闲装	休闲或稍正式场合穿着的服装，常见有休闲夹克、休闲长裤、开衫以及T恤衫等，具有休闲和运动感，具有一定的流行性和舒适性
休闲运动服装	休闲或运动场合穿着的服装，有些专门用于某些特定的运动，具有一定的流行性，强调功能性
正式服装	正式场合用套装或大衣，原材料、款式设计和工艺品质都要求较高
礼服	原材料、款式设计和工艺品质都要求较高的服装种类，常用于社交场合
内衣	包括内衣、浴衣等，具有一定的流行性，强调功能性和舒适性
工作服或制服	通常针对某些特殊职业的具有功能性、防护性和标示性的服装
服饰配件	头饰、帽饰、颈饰、腰饰、手套、袜类、鞋类、包件等，强调流行性和功能性

续表

童装种类	
类 别	描 述
婴儿装	出生～1岁婴儿用品，包括日常穿着的内衣、外衣、睡衣等，强调安全性、舒适性和功能性
幼儿装	2～7岁孩童的日常服饰，包括日常穿着的内衣、外衣、睡衣等，强调安全性、舒适性和功能性
少儿装	8～15岁儿童的日常服饰，包括日常穿着的内衣、外衣、睡衣等，强调安全性、舒适性和功能性
运动装	儿童运动时穿着的服装，包括套装和单件服装，强调安全性、功能性
正装	精作的服装，用于社交场合
服饰配件	头饰、帽饰、颈饰、腰饰、手套、袜类、鞋类、包件等，强调流行性和功能性

不同企业的产品类型定位区别较大，根据企业的规模和经营范围，有的跨国企业产品类型几乎覆盖所有的服饰种类。例如在中国市场获得成功的瑞典品牌H&M，其易护理型的成衣产品，几乎包揽了所有消费者的日常服饰；而有的中小型企业则因为生产能力有限，只能生产某一种产品，如图6-3所示。

图6-3 H&M官网的女装成衣

（三）成衣产品风格的定位

通常比较不同成衣品牌的产品，往往从分析品牌产品在风格上的差别入手。成衣品牌风格通过视觉和触觉的综合体验来满足消费者的需求。例如优衣库品牌，它的产品普遍具有色彩柔和、面料舒适的特点，其贴合人们日常生活的服饰设计，体现了一个追求“亲和度”的大众品牌的风格特点。

尽管成衣市场上品牌云集，风格各异，但是每个成衣企业每季推出的产品，却必须拥有统一的风格，这样才能保持并延续稳定的品牌形象，从而维护稳定的消费群和目标市场。

成衣产品风格定位是成衣设计管理的核心内容，主要有色彩风格定位、面料风格定位和款式风格定位等。

1. 色彩风格定位

成衣色彩风格定位是指整体产品的组合色彩配置。通常企业在建立品牌之后，相对固定的色彩形象也随之确立下来。每个品牌的色调必须有自己的个性或特点，以较高的识别性给予消费者以稳定的品牌印象。

品牌的色彩风格都是经过多方面的调查、研究和比较后确定下来的，它反映出目标消费群的喜好，塑造了品牌独特的形象。这种形象可能是活泼可爱的、成熟典雅的，也可能是叛逆另类的或端庄严肃的，但无论是哪种风格，都将是企业未来每季产品策划的基调。如图6-4所示，贝纳通童装品牌每季的产品都沿袭品牌的色彩风格定位。

图6-4　贝纳通2014年春夏童装系列

品牌色彩风格的定位并非一成不变，随着时尚流行色的变迁和消费者的需求，与时俱进地对色彩风格进行微妙、适当的调整也是非常必要的。但无论如何调整，每一季的成衣产品都是对品牌色彩风格的新鲜诠释和解读，始终传递着同一种企业的文化和精髓。

2. 面料风格定位

面料风格定位是指整体配套产品的面辅料组合风格。包括面料的原材料类型、织造风格（手感、肌理）、图案风格等。

（1）面料的原材料类型主要指的是面辅料的原材料类型，例如面料是属于天然纤维还是合成纤维，辅料是金属材料还是树脂材料等。原材料的类型影响成衣产品的成本、加工难度和销售价格，例如，天然纤维的成衣常较化学纤维的成本更高，因此销售价格也较高。原材料成分及加工工艺形成的外观风格，直接决定了成衣产品的外形和风格，因此，面料风格是产品设计的基础。例如生产日常生活服饰的优衣库品牌会选择柔软、舒适、透气性好的棉质材料，而运动品牌迪卡侬则常选用经过特殊处理的、含有化学纤维成分的防风雨的耐磨损材料。

（2）织造风格指的是纤维或纱线采用何种织法制作出来的面料。织造风格也能反映出织物的品质和特点，例如针织物和机织物，在手感和肌理上就存在巨大的差异。通常企业的每季主打产品都具有相似的织造风格，一则是供应商较为稳定，二则是产品风格稳定，相似的织造风格可以很好地维护品牌形象的前后一致性。

图案风格是指企业常采用的图案类型，例如有的品牌生产夏季衬衫，产品面料上几乎都是热带风情的元素，如海滩、棕榈树、度假、比基尼女郎等；有的品牌生产中式服装，产品面料上多为刺绣、传统图案织花、印花等。另一种图案风格是品牌的LOGO，越来越多的品牌把自己的LOGO加入到成衣产品的设计中，印制在里料、辅料上，或者直接印在面料上。

品牌多数有较为固定的面辅料风格，体现在每季每件产品的面辅料都具有较多的共同元素。例如意大利成衣品牌Versus，自创立以来，一直坚持塑造热情而具有侵略性的品牌形象，以符合叛逆期青年的审美爱好和个性特点，该品牌每季的面料风格定位均是选择手感良好的天然纤维或仿天然纤维，印制有浓郁异国情调的图案，设计成简洁流畅的款式，散发着强烈的特立独行、我行我素的随性气质（图6-5）。

图6-5　2014年Versus品牌中国官网

面料风格定位可以有不同的侧重点，例如有的品牌追求舒适自然的生活状态，面料多选用环保、天然面料；有的品牌追求华丽尊贵的体验，面料多选用品质优良、价格昂贵的奢侈品材料。侧重点不同会影响品牌给消费者的感觉，例如有的品牌推出的产品感觉比较单调、朴素、多年不变，有的品牌推出的产品则是季季新款，款款不同，令人眼花缭乱。

3. 款式风格定位

款式风格定位指的是服装的线条风格，包括轮廓线条、结构线条与装饰线条等。

（1）轮廓线条是指服装的外廓型。成衣产品由于面向大众成衣市场，具有较高的实用性，因此外廓型通常较为保守，常见的有A型、X型、H型、Y型、T型、S型等。放缩量是廓型的决定因素，因此，成衣款式的风格定位更多取决于纸样上的数据设计，例如款式的围度、长度方向的放缩量以及如何进行尺寸分配等。

（2）结构线条是指服装内部连接服装各部件、部位的结构线条。结构线条由于担任了较多的连接功能，所以，在风格定位中变化较少。

（3）装饰线条是指服装上用于装饰的线条，这类线条通常没有功能性，因此可以更加自由地体现品牌的风格个性。

款式是成衣产品中变化最多，也是设计中最敏感的部分，但是无论怎么变化，品牌的款式风格定位需要保持一致和稳定。例如，2013年Marc By Marc Jacobs的秀展中，马克·雅克布再次展示了他杰出的设计才华和品位，秀场中推出的几十套作品中，无论是男装还是女装，都采用浅色系、条纹、邻近色设计，无论是裙装还是上下衣裤装搭配，均表现出稳定、统一的风格定位（图6-6）。

图6-6 Marc By Marc Jacobs 2013年春夏系列中体现的款式风格

（四）产品生产销售方式定位

产品生产销售方式主要指产品的生产方式和销售方式。

1.产品生产方式

产品生产方式有自主生产和委托加工两种形式。自主生产是指产品由企业自己负责加工生产，委托加工生产是指企业委托其他加工单位生产。自主生产常常由于沟通便利，质量和生产进度较容易获得保证，委托加工生产由于生产任务外发，则需要更多的沟通与协调，以控制和管理产品质量。

批量产品的品质较高依赖于生产加工方式，因此企业常根据自身的实际情况选择合适的生产方式，以便控制和管理产品的质量和进度。

2.产品销售方式

产品销售方式有产品的批发和零售两种。批发是指批量交易产品，由于数量较大，因此产品价格较低，以“量”取胜；零售是指单件产品或少量产品交易，由于数量较小，因此产品价格较高，以“质”取胜。成衣业中，批发与零售是两种常见的交易方式，可以发生在不同的产品中，也可以发生在同一种产品的不同时期，例如某品牌将系列产品批发给加盟商，加盟商再设定专柜进行零售。产品的品质和市场的情况共同决定产品最终是在专柜销售还是在批发市场销售。

随着电子商务的普及，网售作为一种新型的销售方式，以创新形式和高效服务打破了传统线下销售垄断的局面，越来越多的成衣开展了网售业务，网络已成为商家必争之地（图6-7）。

图6-7　Esprit官网上丰富的产品信息

（五）产品工艺品质定位

产品工艺品质定位指的是成衣产品质量标准的选择和加工工艺水准的定位。

产品质量标准是指产品生产所要遵守的品质质量标准。通常情况下不同的产品采用不同的标准，例如出口欧美产品，需要符合欧美进出口成衣质量标准；内销产品则需要符合国家质量标准。成衣产品质量标准内容丰富，标准类型多样化，因此企业应当根据自己的经营情况和产品类型选择合适的质量标准，制订相关的尺寸规格进行生产，尽量避免产品由于质量标准过高或过低而出现品质不稳定的现象。

加工工艺水准是指产品加工设备所能允许和达到的工艺水准。在质量标准确定后，企业应当结合自己的加工能力和设备情况，对加工工艺水准做出合理的设计，并不断地提高产品的加工水平，推动产品品质的提高和企业的发展。图6-8是爱马仕品牌官网，在网站中爱马仕通过制作精良的视频向大众介绍了旗下各类产品发展历史和工艺质量标准，清楚地展示了该品牌的高端成衣市场的历程和标准。

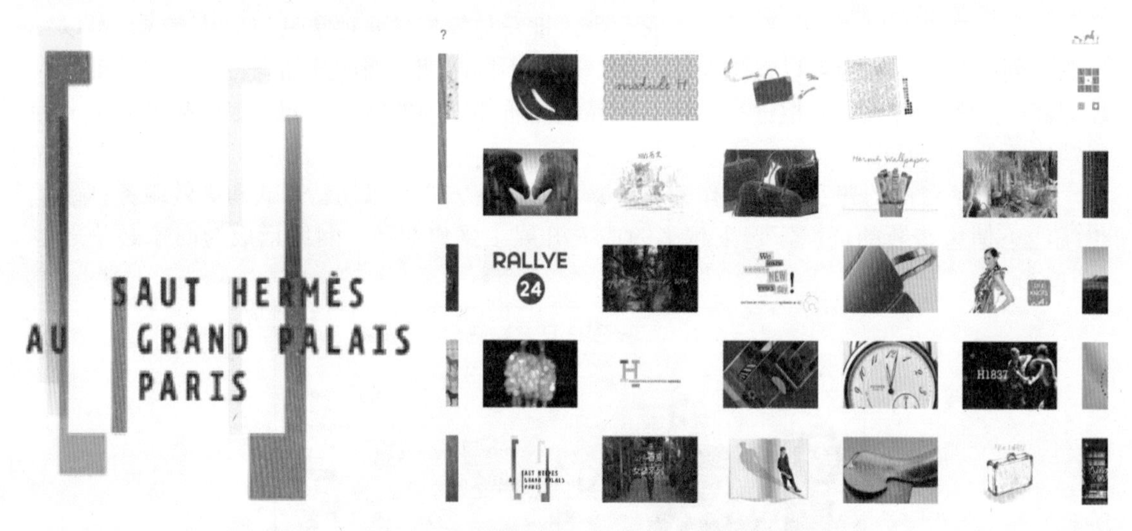

图6-8　爱马仕官网上提供了多种有关该品牌的视频介绍

三、成衣系列产品的策划

成衣系列产品策划主要是指每季产品的配置，每款产品的设计及相应的上市、更新时间安排等内容。

（一）成衣产品开发时间的安排

成衣系列产品的策划通常都是由企业制订的市场营销计划开始的。在掌握了市场具体情况和规律之后，企业首先根据品牌的定位制订每季的设计、生产、营销计划，制订生产和上市的时间进度表（表6-3）。

在具体操作中，成衣品牌也常根据季节变迁，在销售的不同阶段，灵活地推出系列产品，以适应市场的变化和捕捉商机（表6-4）。

表6-3 香港荣泽实业2014年成衣产品开发计划

产品开发时间											
一月	二月	三月	四月	五月	六月	七月	八月	九月	十月	十一月	十二月
夏装展示与订货会	夏装设计完工	制造和销售夏装	制造和销售夏装						夏装未来流行趋势调查	夏装产品策划	夏装产品策划
秋冬装产品策划	秋装展示与订货会	秋装设计完工	制造和销售秋装	制造和销售秋装						秋装未来流行趋势调查	秋冬装产品策划
秋冬装未来流向趋势调查	秋冬装产品策划	秋冬装展示与订货会	制造和销售秋冬装	制造和销售秋冬装							秋冬装未来流行趋势调查
				节假日服装流行趋势调查	节假日服装产品策划	节假日服装产品策划	节假日服装展示与订货会	节假日服装销售	节假日服装销售		
制造和运输春装						春装未来流行趋势调查	春装产品策划	春装产品策划	春装展示与订货会	春装产品策划	制造和销售春装
		参加各种秋冬季发布会							参加各种春夏季发布会		

表6-4 香港荣泽实业2015 ~ 2016年产品上市计划

季节	上市时间	批次	市场销售	产品设计要求
春季	12月5日	第一批春季产品	新品上市，探索市场	基本款与新基本款搭配上市
	1月15日	第二批春季产品	根据市场调整或补单	体现本季的核心主打产品系列
	2月5日	第三批春季产品	根据市场调整或补单	产品风格保持稳定，系列中有新亮点
夏季	3月15日	第一批夏季产品	节日促销	明亮系列，吸引消费者
	4月5日	第二批夏季产品	初夏热卖系列，根据市场调整产品配置	体现本季的核心主打产品系列
	5月15日	第三批夏季产品	根据市场调整或补单	准备换季的系列产品，巩固市场
秋季	7月5日	第一批秋季产品	新品上市，探索市场	新基本款与基本款搭配上市
	8月5日	第二批秋季产品	根据市场调整或补单	体现本季的核心主打产品系列
冬季	9月5日	第一批冬季产品	换季新产品，探索市场	暖冬系列，新基本款为主
	10月5日	第二批冬季产品	根据市场调整或补单	体现本季的核心主打产品系列
春节	11月5日	新年产品	年货促销	体现节日的气氛

（二）成衣系列产品的配置

成衣系列产品的组织搭配体现了品牌的风格。合理地配置每季的产品种类和数量比例，可以形成整齐和谐又变化纷呈的系列产品，更好地满足了多变的市场需求，甚至激发了消费者的购买欲望，引导出新的时尚潮流。

通常情况下，系列产品的配置根据企业的规模和经营范围有所不同，例如有的大型企业产品种类繁多，兼营男、女、童四季服装，而有的小型企业则只经营针织内衣产品，但无论经营范围如何，所有计划生产的产品都需要进行统一、合理的比配。

除了产品种类和比例因素之外，系列产品的配置还要根据不同的上市时间进行应时调整（表6-5）。

表6-5 香港荣泽实业2015年商品构成策划

区分 品类	夏季				春秋季				冬季			
	款式数	流行款	主打款	基本款	款式数	流行款	主打款	基本款	款式数	流行款	主打款	基本款
棉衣、羽绒衣	0	0	0	0	0	0	0	0	10	5	2	3
大衣	0	0	0	0	0	0	0	0	10	5	2	3
套装	8	4	1	3	8	4	2	2	5	2	1	2
外套	0	0	0	0	5	2	2	1	6	2	2	2
上衣	8	4	2	2	8	4	2	2	6	3	2	1
裤装	8	4	2	2	8	4	2	2	6	3	2	1
裙子	20	10	5	5	10	5	3	2	0	0	0	0
连衣裙	15	10	3	2	6	3	2	1	0	0	0	0
针织毛衫	0	0	0	0	16	6	4	6	6	3	2	1
衬衣	6	3	2	1	10	5	3	2	2	1	0	1
饰品1	10	5	3	2	10	5	3	2	10	5	3	2
饰品2	10	5	3	2	10	5	3	2	10	5	3	2
总计	85	45	21	19	91	43	26	22	71	34	19	18
比例	100%	53%	25%	22%	100%	47%	29%	24%	100%	48%	27%	25%

注：流行款指当季根据流行趋势设计的款式；基本款指市场验证较成功的本品牌成熟款式；主打款指力争成为成功基本款的新设计款式。

（三）成衣产品色彩的开发

成衣产品色彩的开发主要指投放市场的系列产品的色彩组合搭配。有别于产品风格的色彩定位，成衣产品的色彩是在研究流行趋势和目标市场后，根据当季的生产销售情况制订的色彩企划。成衣产品色彩开发的步骤如图6-9所示。

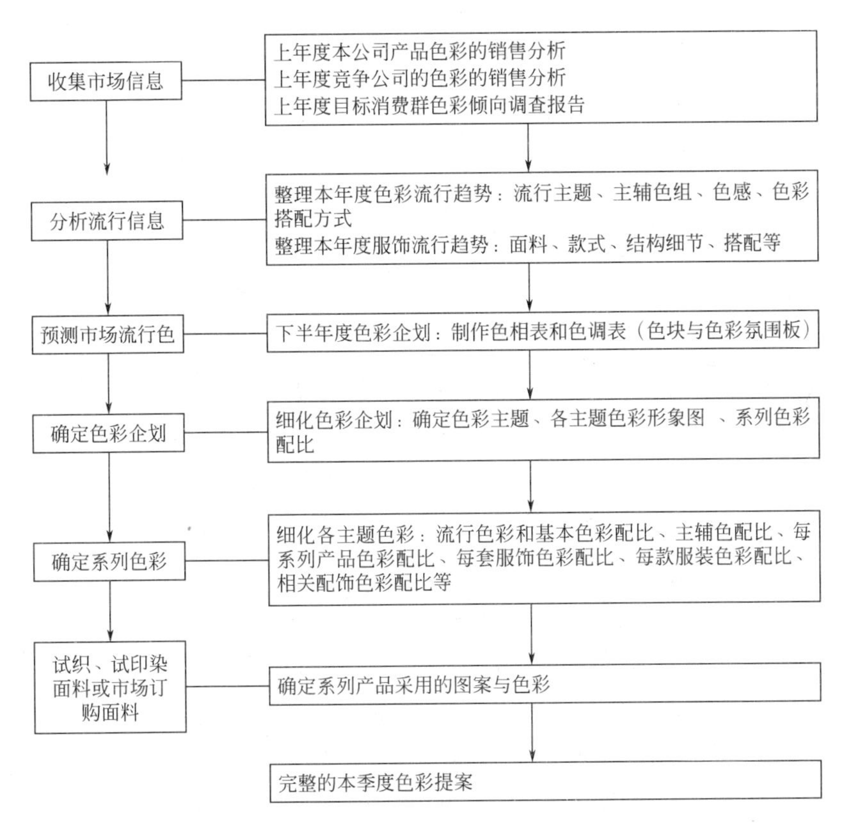

图6-9　香港荣泽实业2016年色彩开发计划

成衣产品色彩的开发需要考虑三个方面：一是企业品牌的色彩定位，二是整体系列的色感，三是每款产品的色感。企业品牌的色彩定位是色彩企划的基础。系列色彩和单品色彩都存在秩序、比例、均衡、节奏、强调和呼应、层次等问题，需要从色彩学上结合品牌定位和市场需求进行合理的设计、搭配（图6-10）。

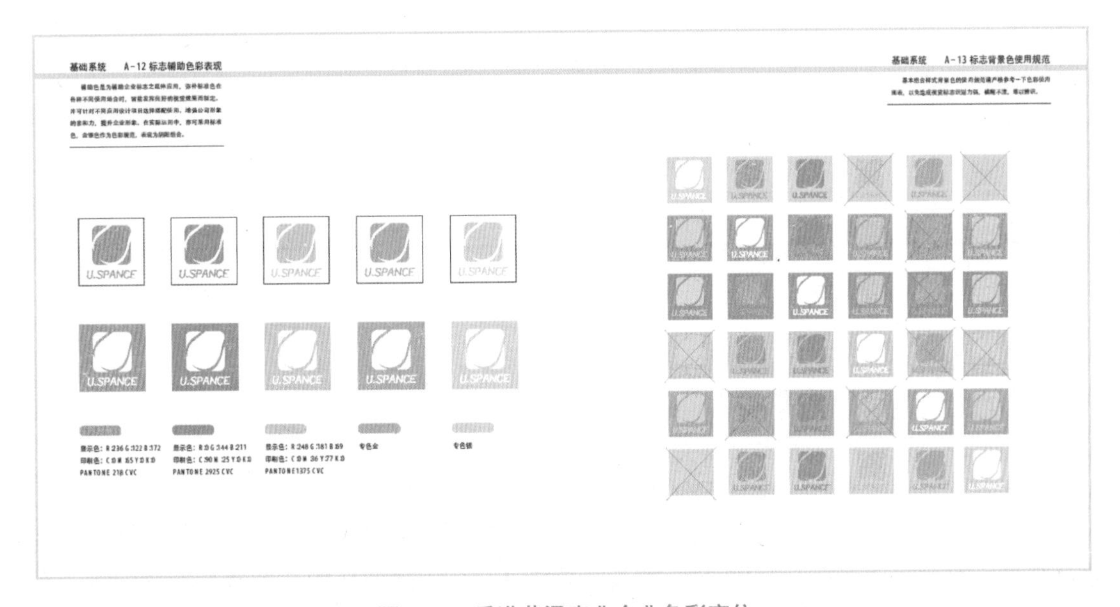

图6-10　香港荣泽实业企业色彩定位

(四)成衣产品面辅料的开发

成衣产品面辅料的开发主要是指每季系列产品使用的面辅料种类及配比(表6-6)。与色彩开发相同,面辅料开发也需要分别考虑系列与单品的配比。面辅料开发有助于整体系列产品的比例、数量的策划,并为前期的采购和后期的批量生产提供可靠的生产数据。

面辅料的开发的内容有价格因素、种类因素、加工难易度因素等。每季的面辅料开发必须在品牌面料定位的指导下进行,确保产品的风格、品质稳定。

表6-6 香港荣泽实业2015 ~ 2016年春秋季面料策划

款式名称	面　料	价格范围	打样用量估算(m/件)	供应商
机织裙	棉/涤纶(35/65)单色	20 ~ 30元/m	1.2	宏翔
针织裙	棉(100% ~ 65%)单色	20 ~ 50元/kg	1	顺艺
	棉(100% ~ 65%)多色	20 ~ 50元/kg	1	顺艺
	棉(100% ~ 65%)印花	20 ~ 55元/kg	1	顺艺
机织衬衫	棉/涤纶(35/65)单色	20 ~ 45元/m	1.2	宏翔
针织恤衫	棉(100% ~ 65%)单色	20 ~ 50元/kg	1	顺艺
针织休闲外套	棉(100% ~ 65%)单色	40 ~ 55元/kg	1.2	顺艺
	棉(100% ~ 65%)多色	40 ~ 55元/kg	1.2	顺艺
针织薄型毛衣	羊毛(35% ~ 75%)单色	—	—	顺艺
针织厚型外套	羊毛(35% ~ 75%)单色	—	—	顺艺
机织外套	棉/涤纶(35/65)单色	40 ~ 80元/m	1.5	宏翔
	棉/涤纶(35/65)多色	40 ~ 90元/m	1.5	宏翔
风衣	风衣料单色	30 ~ 90元/m	1.5	宏翔
大衣	羊毛(50% ~ 85%)单色	40 ~ 120元/m	1.5	宏翔
机织长裤	棉/涤纶(35/65)单色	30 ~ 50元/m	1.3	宏翔
	棉/涤纶(35/65)多色	30 ~ 50元/m	1.3	宏翔
共计	面料种类控制在20种以内			

(五)产品的整合

产品整合是指通过对上市产品的款式、数量、色彩、面料等多方面因素进行合理的组合搭配,形成主题鲜明的系列产品并推向市场。产品整合使不同类型的商品之间彼此产生联系(图6-11,表6-7),形式丰富又不会单调乏味或杂乱无章。经过产品整合后的系列产品通常可以忠实地体现出品牌的风格,产品之间也具有巧妙的有机联系。

产品整合的方法有很多种,选用风格一致或对比的面辅料,强调面料肌理的统一或变化,强调辅料色彩与造型,控制面料种类,强调色彩与图案的搭配,新颖配饰搭配等,在具体的整合过程中,可以根据实际需要进行选择和调整。

图6-11　流行趋势的参考搭配图

表6-7　香港荣泽实业春秋季服饰配件数量表

配饰名称	种类数量	备　注
帽子	4	与当季针织T恤衫颜色一致，颜色更鲜亮
丝巾	8	与当季上装系列同色系，数码印花技术，以花卉和鸟类图案为主
羊毛围巾	6	单色系，颜色与当季毛衣一致或接近，颜色更鲜亮
项链与耳环	7	与当季服饰风格协调，光泽闪亮
眼镜	4	与当季服饰风格协调：太阳眼镜或护目镜
时尚钱包	6	动物纹，与当季主打上装颜色一致或接近，可有多种图案和肌理
休闲挎包	4	帆布或皮革包件，色泽与当季服饰相配
时尚腰带	8	皮革或真皮制品，色泽与当季服饰相配
内衣（套）	4	单色内衣套装，与当季外穿服饰色泽协调
袜子	8	薄型单色棉质，与当季外穿服饰色泽协调
运动鞋	5	单色彩色棉质运动鞋，造型简洁，与当季外穿服饰色泽协调
皮鞋	4	单色皮革或真皮制品，色泽与当季服饰相配
共计	68件	

四、成衣产品的实践

成衣产品的实践是指样衣的制作与修改，这个过程如图6-12所示。设计师完成设计草图后，协助样板师绘制出纸样，然后由工艺师制作出样衣。样衣通常需要根据设计稿的要求修改多次，修改后被确认的样衣应该能完美地表现出效果图的款式造型，但是这还不能马上投入批量生产，只有通过设计团队、生产部门和市场销售部门的集体评估，才能对样衣能否进入大生产阶段做出决定。

设计管理中，设计师也要参与大批量生产过程中的监测，对产品进行检验，以了解批量产品在生产加工中的稳定性和可能出现的各种设计制作问题，为后续的设计工作积累经验。

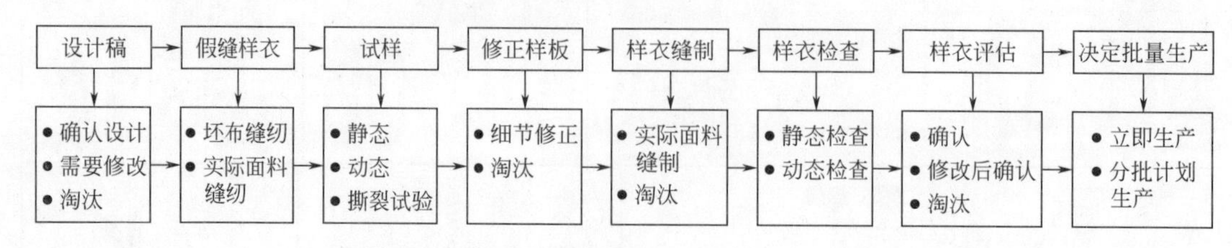

图6-12　确认样制作的过程

第四节 设计团队与设计沟通

一、设计团队的构成

设计团队通常由固定的设计人员及相关协作部门的职员组成。在整个设计过程中，设计团队根据设计任务的不同，会经常发生变动和调整，以适应不断变化的市场和生产任务。设计各职能之间也有交叉重叠的工作内容，因此，设计团队需要良好的团队协作精神和内在的动力机制。

设计团队的主要工作内容是将产品开发计划用设计语言表达出来，并将设计意图用样板和样衣的形式表达出来。设计团队的组成如图6-13所示。

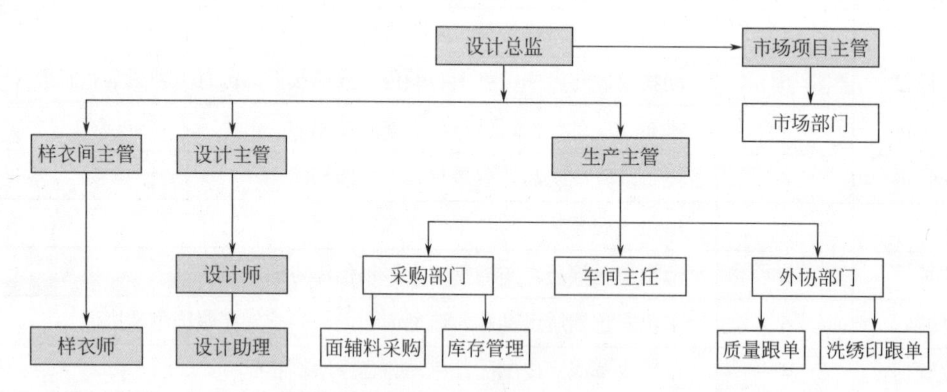

图6-13　设计团队的构成

（一）设计总监

设计总监也称作创意总监或艺术总监。设计总监是策略型、交叉型、成长型的高级综合设计管理人才，对整个品牌的设计生产起举足轻重的作用。设计总监需要具备较高的艺术文化素质、个性素质、商业素质、设计管理素质和创意设计素质。表现在实际工作中是需要有丰富的市场经验，优秀的沟通能力和动手能力，优秀的整体把握能力和分析能力，能解决设计过程可能出现的种种复杂的设计问题。

马克·雅克布（图6-14）是当今世界顶尖的设计师之一。1997年，马克·雅克布被委任为LV的艺术总监，负责男装、女装、皮鞋、小巧皮革制品的统筹安排与设计，自此，马克·雅克布一跃成为欧洲时装设计界的“新星”。

图6-14 马克·雅克布

（二）设计主管

设计主管也称作设计经理或产品开发部经理。设计主管负责设计团队的各项事务。设计主管在接受设计任务之后，需要带领和督促团队成员按时保质完成设计任务。设计主管需要具备策划、执行、沟通、协调、服务以及调控等综合能力，具有丰富的设计经验和设计管理经验，能胜任频繁变化的设计任务和设计管理工作（图6-15）。

（三）设计师

设计师负责寻找新的流行元素，并根据设计总监的设计思想进行具体的设计工作。设计师需要有较高的领悟力和设计技巧，对市场流行反应敏感，能将设计构想进行变化和延续设计，形成完整的系列作品。设计师需要具备较强的绘图表达能力，可快速记录灵感，并能清晰、准确地表达出款式结构、面料特征、色彩肌理、细节设计等要素，具备基本的制板知识、工艺制作知识、面辅料知识和营销知识等，能与制板师、工艺师及生产、销售部门进行设计沟通（图6-16）。

图6-15 设计主管的工作状态

图6-16 设计师试样

电子时代的今天，设计师还需要熟悉计算机操作和掌握绘图软件，可以快速地网上查找咨讯情报和绘制效果图。

设计师除了完成设计任务之外，还需参与市场的研究与决策，给样衣和生产部门下达生产任务书，因此设计师还需要具备组织、编写设计文件的能力（表6-8）。

表6-8 香港荣泽实业设计师岗位说明书

岗位说明书	
一、岗位信息	
岗位名称：设计师： 岗位编码：（HR填写） 工资等级：（HR填写） 可轮换岗位：	隶属部门：内衣企划部 直接上级：品牌经理 直接下级： 日期：

续表

二、岗位工作概述
负责收集流行趋势、每季新产品的设计开发、出样、选样及专柜产品的搭配与陈列
三、工作职责
（一）业务职责 1.收集流行趋势（包括同类产品的流行款式、面料、色彩、细节设计及搭配等） 2.研究收集的资料，总结新季市场需求和流行情报 3.根据总结找出相应主辅色组、主辅面料，制作氛围图，配合产品经理召开产品策划介绍会 4.在产品策划会后两周内推出系列设计款，并与产品经理及时沟通，进行修改 5.向产品经理及制板师下达设计任务书 6.检查样衣并进行修改 7.确认样衣 8.挑选陈列样，根据相关部门意见修改产品 9.产品上柜前10天进行专柜的陈列设计与搭配 10.关注产品销售情况及竞争品牌的销售，及时补充产品 （二）管理职责 1.在策划介绍会后制作出设计款 2.制订设计任务书 3.挑选并确认样衣
四、工作绩效标准
1.工作目标按计划完成率 2.系列产品销售的完成率 3.设计工作的创新力 4.各环节配合的满意度
五、岗位工作关系
1.内部关系：产品经理、面辅料开发部门、市场营销、陈列部门 2.外部关系：机织、针织供应商、外包加工厂的设计部门
六、工作岗位权限
新产品的设计开发与设计
七、岗位工作时间
在公司规定的正常工作时间上班，有时需要加班
八、岗位工作环境
多数时间在办公室工作，有时外出收集流行情报
九、知识及教育水平要求
1.关于公司政策、操作程序、产品和服务方面的知识 2.服装专业知识（全面的设计知识，基本的制板、工艺等相关知识） 3.相关专业大专或同等学历以上
十、岗位技能要求
1.计算机要求：熟练操作Photoshop、Adobe Illustrator等绘图软件 2.语言要求：国语标准，英语良好 3.出色的分析思考能力、沟通协调能力、解决问题方面的技能 4.建立良好人际关系的能力 5.逻辑判断能力：将多项并行的工作安排得井井有条 6.服装专业知识的运用及提高
十一、工作经验要求
从事服装设计工作2年及以上
十二、其他素质要求
任职者需要身体健康，精力充沛，有强烈的责任感与耐心，思维活跃，性别无要求

（四）设计助理

设计助理的职责是辅助设计总监、设计主管和设计师的工作。设计助理负责寻找面辅料、编写款式编号、整理图案以及与采购部门、生产部门之间的沟通协调。设计助理工作内容琐碎而繁杂，需要具备设计、制板、工艺制作以及批量生产等多方面知识。设计助理在掌握了大量的实践经验和专业内容后，会逐渐成长为成熟的设计师。

（五）样衣间主管

样衣间主管负责样衣间的各项事务。样衣间主管在接受设计书之后，需要带领和督促团队成员进行样衣制作，并参与样衣的修改和评价。样衣间主管需要具备丰富的制板和工艺经验，并有一定的设计能力和理解力，既能与设计师进行良好的沟通，也能准确地传达设计思想，协调和管理样衣师制作出的符合设计要求的样衣。样衣间主管需要具备高度的责任感和综合能力，能对后期的批量大生产起到正确的指导作用（图6-17）。

图6-17　样衣间主管的工作状态

（六）样衣师

样衣师职责是严格按照设计图稿的要求，进行结构设计和工艺设计，并制作出基础样板和样衣。

样衣师根据工作内容可分为制板师和工艺师。制板师负责绘制、修改纸样，并制作基础样板供批量生产时使用；工艺师负责制作样衣。制板师和工艺师合作完成每款产品的工艺单的编写任务。

（七）其他

有的企业还雇用专门的试衣模特和设计部文员。试衣模特通常都是体型接近品牌消费群体型特征的中号模特，模特以静态、动态等多种角度试穿样衣，供设计制作人员以及营销部门了解服装的外观和舒适性，供设计部门修改款式作参考。设计文员则是专门整理设计部门的各项资料，如流行情报、设计计划书、设计任务分配表、设计进度表、设计图稿、会议记录、各项通知等，协助完成设计经理和设计主管的各项管理工作。

生产主管和市场项目主管虽然不属于设计部门，但也在设计工作中担任重要的角色。生产主管主要负责批量的生产任务，需要参与设计分析和设计决策，确保批量生产中设计品质的稳定。市场项目主管需要就市场信息与设计部门保持沟通，并能参与品牌和设计的策划活动，尽可能保证产品与市场的需求一致。生产主管和市场项目主管均是高级设计管理人才，需要具备较高的专业知识、沟通能力和管理能力。

二、设计沟通

设计沟通是指设计团队内部或与其他部门之间进行的协同工作交流和共同决策。设计沟通的顺利进行，可以有效避免设计资源的浪费，提高设计的品质和企业运行的效率。

设计沟通一般是借助画稿、实物样衣来进行，设计沟通的内容主要有设计评价和设计决策。

（一）设计评价

设计评价是对设计产品进行的客观、有效的评价。设计评价是设计沟通中的重要内容，对单件产品的设计或系列产品的策划都具有重要意义。设计评价包括设计构思评价和产品评价两方面的内容。

图6-18 设计评价的交流过程

设计构思评价是针对设计构思进行的交流评价（图6-18）。企业的设计构思评价主要是设计总监或设计主管对设计师原创构思的评价，部门内部的设计师及采购部门、生产部门、销售部门也会参与评价活动，构思评价的内容通常有以下几点。

（1）设计构思是否符合企业品牌定位。

（2）设计构思是否符合时尚潮流，具有一定时尚性。

（3）设计构思是否满足市场需求。

（4）设计构思能否利用现有的加工工艺实现。

（5）设计构思所耗用的总成本是否符合品牌产品的定位。

构思评价合理的设计构思可以进一步设计完善，并进入样衣制作阶段。

产品评价就是对制作完成的样衣进行评价。产品评价通常由设计总监或设计主管主持，参与人员有设计部门、采购部门、生产部门、销售部门等人员。

产品评价主要就产品的性能指标、技术指标、经济指标进行评价。产品的性能指标是指产品带给消费者的服用性能感受，包括美观性、舒适性、安全性以及功能性等；产品的技术指标是指产品生产加工中的技术加工要求、对设备的要求和质量标准，包括加工难度系数、尺寸规格范围以及批量的数量与加工时间进度等；产品经济指标是指产品的成本利润的合理性、市场供求关系、同类产品竞争等方面内容，包括原材料、加工、时间、销售成本以及销售价格和销售量等。只有产品综合评价良好的设计才能进入批量生产阶段。

（二）设计决策

设计决策是新季度产品开发过程中，对设计图稿和样衣的筛选。设计决策包括设计图稿的筛选、设计样衣的筛选、订货产品的筛选等内容。

设计图稿的筛选是设计总监或设计主管根据品牌产品的定位，对设计师提供的设计稿进行评价后的筛选。图稿的主要内容有设计构思和款式设计，设计总监根据品牌定位对每款设计进行评价，挑选出与品牌风格一致的较成熟的设计稿，淘汰不合适的设计稿，避免更多的设计、加工资源的浪费，确保整体产品风格的稳定。设计样衣的筛选是设计总监带领设计部门和销售部门，就制作完成的样衣进行筛选，符合要求的样衣参加订货会，不合要求的样衣不再参加生产和销售。

订货产品的筛选是根据订货会（图6-19）上的订单量，了解市场对参加展示的某款样衣的反应。订单较多的款式，意味着符合市场需求，可以投入批量的生产；而订单较少的款式，则需要改进或者直接被淘汰。

图6-19 订货会现场

设计沟通贯穿于整个产品开发的过程中，以设计总监为首的设计团队，在设计活动中，协同合作形成的设计决策，是各部门对设计风格、设计理念、设计思想的认同和统一，是对企业文化和品牌的理解与尊重。设计沟通让设计团队对已有的产品进行审视，整理设计思路，判断和纠正设计方向，及时调整系列产品，从材料成本、加工成本、时间进度以及产品利润等各个角度，综合提高产品品质和实现品牌效益。

最后，消费者的反馈也是设计沟通的有益补充，市场部门整理的每季热销、滞销产品以及售后情报对设计部门都有极其重要的意义，通过对每季销量的分析研究，可以更好地了解市场的需求，掌握企业和品牌的命脉，从而实现设计管理的最终目的。

思考题

1.成衣设计管理的主要目的和方法有哪些?

2.成衣市场调研的重点是什么？试结合具体品牌进行市场调研，并编写调研报告。

3.成衣产品定位是如何影响每季的产品系列设计？试结合市场流行品牌进行资料收集，并分析研究企业的产品定位。

4.系列产品是如何整体控制风格一致的？试结合市场品牌进行分析研究。

5.设计总监在整个设计过程中应重点考虑哪些因素，如何保证设计质量和设计进度的顺利进行?

参考文献

[1] Catherine Schvvaab. Talk About Fashion [M]. Paris：Flammarion，2011.

[2] Evelyn L. Brannon. Fashion Forecasting [M]. New York：Fairchild Books，2011.

[3] Martin Dawber. The Big Book of Fashion Illustration [M]. London：Batsford，2007.

[4] Gavin Waddell. How Fashion Works [M]. UK：Blackwell Science，2004.

[5] Toby Meadows. How to Set up & Run A Fashion Label[M]. London：Laurence King Publishing Ltd. 2009.

[6] Julia Gaimster. Visual Research Methods in Fashion[M]. Oxford · New Yark：BERG. 2011.

[7] Kathryn Mckelvey. Fashion Source Book[M]. UK：Blackwell Publishing Ltd. 2006.

[8] [美]马特 · 马图斯著 . 设计趋势之上[M]. 焦文超译 . 济南：山东画报出版社，2009.

[9] [英] 卡罗林 · 特森，朱利安 · 西门 . 英国时装设计绘画教程[M]. 上海：上海人民美术出版社，2004.

[10] [英] 西蒙 . 希弗瑞特 . 时装设计元素：调研与设计[M]. 北京：中国纺织出版社，2009.

[11] [英]特蕾西 · 黛安，汤姆 · 卡斯通编著，李莉婷等译 . 色彩预测与服装流行[M]. 北京：中国纺织出版社，2007.

[12] 吴晓菁 . 服装流行趋势调查与预测[M]. 北京：中国纺织出版社，2009.

[13] 刘晓刚，王俊，顾雯 . 流程 · 决策 · 应变——服装设计方法论[M]. 北京：中国纺织出版社，2009.

[14] 陈莹 . 服装设计师手册（第二版）[M]. 北京：中国纺织出版社，2012.

[15] 陈莹，丁瑛，王晓娟 . 服装创意设计[M]. 北京：北京大学出版社，2012.

[16] 陈莹 . 创意经济时代下服装设计研究[J]. 服饰导刊，2013（2）.

[17] 吴启华 . 服装设计[M]. 上海：东华大学出版社，2013.

[18] 邓跃青 . 现代服装设计与实践[M]. 北京：清华大学出版社，2010.

[19] 王蕾，杨晓艳 . 服装设计表达[M]. 北京：化学工业出版社，2013.

[20] 刘晓刚 . 品牌服装设计[M]. 上海：东华大学出版社 . 2004.

[21] 谭国亮 . 品牌服装产品规划[M]. 北京：中国纺织出版社，2007.